养好观赏鱼

（第2版）

张晓影 王健华 秦 涛 郭江涛 编著

河南科学技术出版社

·郑州·

图书在版编目（CIP）数据

养好观赏鱼/张晓影等编著. —2版. —郑州：河南科学技术出版社，2014.8
ISBN 978-7-5349-7077-1

Ⅰ. ①养… Ⅱ. ①张… Ⅲ. ①观赏鱼类－鱼类养殖 Ⅳ. ① S965.8

中国版本图书馆CIP数据核字（2014）第154096号

了解更多生物知识，欢迎关注生物空间微信平台，马上扫一扫！

出版发行：河南科学技术出版社
地址：郑州市经五路 66 号　邮编：450002
电话：(0371) 65788613　65788631
网址：http://www.hnstp.cn
策划编辑：杨秀芳
责任编辑：杨秀芳　刘　嘉
责任校对：柯　姣
封面设计：张　伟
版式设计：张　伟
责任印制：张艳芳
印　　刷：河南省瑞光印务股份有限公司
经　　销：全国新华书店
幅面尺寸：170 mm × 240 mm　印张：14.5　字数：280 千字
版　　次：2014 年 8 月第 2 版　2014 年 8 月第 2 次印刷
定　　价：35.00 元

再版说明

本书于 2010 年出版后，受到读者欢迎，书中个别地方的错误在本次修订中予以更正，图片选择更清晰靓丽。此次再版要特别感谢广东省水族协会许品章先生、上海赵惠康老师、郑州水族协会副会长刘同相先生，以及郑州陈寨花卉市场为本书提供帮助的会员和商户，感谢他们提供的图片和资料。

编　者

20013 年 12 月

前　言

观赏鱼以其亮丽的外表、优美的泳姿，深深吸引着众多养殖爱好者。观赏鱼的养殖在我国有着悠久的历史，观赏鱼象征着和平、幸福、吉祥和富有。人们把很多鱼赋予不同的吉祥含义，有些人还把观赏鱼当作风水鱼养殖在工作、生活场所，希望婀娜多姿的鱼儿给家人、事业、生意带来好运。饲养观赏鱼可以陶冶情操，提高精神享受，有益于身心健康。同时，观赏鱼还可以改善人们的生活环境、工作环境，为室内加湿。故有“养鱼一缸，胜服参汤”之说。

随着人们生活水平的提高，观赏鱼养殖者越来越多。但很多观赏鱼爱好者和初养者，由于缺乏经验，认为只要有水族箱、有水、有鱼就行了，疏于管理，往往导致观赏鱼生病甚至死亡，从而影响了养殖兴趣。本书从怎样养好一缸鱼讲起，介绍了怎样选择养鱼器材、怎样选鱼、放养前的准备及放养注意事项、日常管理、鱼病防治等方面的知识，其中也提及了观赏鱼养殖与风水的关系。

本书按照由易到难的顺序逐步介绍了养殖观赏鱼时不同品种之间的搭配技巧，让养殖者了解什么鱼要单养、什么鱼可以搭配养殖、怎样搭配最合理，使自己养殖的鱼更好地成活、生长，从而提高养殖观赏鱼的兴趣。最后不仅介绍了部分热门观赏鱼的养殖技术与鉴赏技巧，还详细介绍了各种热门观赏鱼的生活习性、生长特点、繁殖方法等，使观赏鱼养殖者在家中欣赏到大自然生物的成长过程。愿美丽的鱼儿给观赏鱼养殖者带来无限的乐趣！

特别感谢观赏鱼之家网站和符陟老师提供的图片资料和指导！

编　者

2009年10月

目 录

1 养殖观赏鱼的好处

一、养鱼陶情操

随着社会经济的发展，人们的生活水平和居住条件有了明显的提高和改善。水族箱和观赏鱼也就成为现代家庭的一种新宠、一种时尚，越来越被人们所喜爱。多姿多彩的观赏鱼，已经不仅仅是少数饲养爱好者的宠物，而是被越来越多的人作为艺术品装饰家居。在窗前、案头摆上一个水族箱，青草绿茵，假山异石，神采飞扬、活泼欢畅的鱼儿畅游其间，给家带来了勃勃生机，同时也彰显出主人的高雅情趣。观赏鱼以它特有的魅力给人们带来许多的益处。

水族箱

（一）崇尚自然、美化家居

家里有一个水族箱，您可以近距离地接触水草、观赏鱼，山水美景，游鱼戏石，尽在这方寸水族箱之中，让您独享回归自然的妙趣；在公司、宾馆、饭店的大堂摆放一个大型水族箱，或水草造景，或海水造景，饲养一缸风水鱼，会彰显您单位的品位和气派，还会为您“聚财开运”！

（二）缓解疲惫、陶冶情操

如今，人们每天都忙于工作和事业，但当我们回到家里，站在一缸水草从生、色彩斑斓的观赏鱼面前，或投食，或戏逗鱼儿，心情自然放松。尤其是对从事脑力劳动的人们，养鱼具有放松大脑、调节视力等诸多好处，能让身体、大脑、眼睛都得到积极的休息。

水族箱

养殖观赏鱼有利于提高精神享受，可以陶冶人的情操，培养人的性格。在自家的书房、客厅养上几条观赏鱼，配以合适的水草造景，在繁忙工作之余欣赏鱼、景，简直就是在看“活的诗、动的画”，令人赏心悦目，心旷神怡，从而达到陶冶情操、消除疲劳、忘记烦恼的目的。欣赏鱼还可以使人平心静气、去除杂念、集中注意力。据说京剧大师梅兰芳，就曾用此法锻炼眼神和表现力。

（三）天然加湿、不会染病

提起“非典”“禽流感”等，人们对人畜禽共患疾病是“谈虎色变”。而观赏鱼不会传染疾病给人类。家居中用水族箱养观赏鱼，人们不仅可以欣赏水中美景，同时由于水族箱内的水分持续蒸发，能有效保持室内的湿度，尤其是在干燥的北方地区，对家居环境起到天然加湿的作用，可以有效地预防支气管、气管及心血管疾病，延缓衰老。

天然加湿

（四）锻炼身体、增长知识

俗话说“养鱼也养人”。家庭养殖观赏鱼，主人会给它们喂食、换水，甚至于外出捞鱼虫，与别人交流养鱼经验，在这些活动中，身体得到了锻炼，心情轻松愉快。如：对于离退休的人来说，闲来无事，养上几尾鱼，能使他们忘掉离开工作岗位后的寂寞和烦恼；对工作紧张的人来说饲养观赏鱼，可缓解疲劳，放松神经，有助于身心健康；对一些老年人和慢性病患者来说，饲养观赏鱼能增强机体功能，使之保持良好的精神状态，故有“养鱼一缸，胜服参汤”之说。家庭养殖观赏鱼，孩子能够学到相关的观赏鱼和水草的知识，并通过了解观赏鱼的种类、产地、分布等学到生物、地理等方面的知识。培养他们热爱大自然、热爱生命，锻炼他们的观察能力和动手能力。

二、风水旺家运

（一）巧置水族箱，聚财开运

在阳宅风水学上，水族箱被视为一种能够辅运的工具，除了能怡情开运，也有改善风水的功效。因水为生命之母，水的流动能调和气场，运势转顺；中国人喜欢鱼，从传统民俗就赋予它吉祥的象征。因此，室内摆放水族箱，养一缸能够“聚财开运”的鱼，赏心悦目之余也可化煞旺财！养鱼虽然能旺家运，但也有特殊的风水禁忌。摆放水族箱有以下几点需要注意：

1. 水族箱不宜放置得过高或过低

水族箱高于成人站起时的眼睛位置便是过高，称为“淋头水”，会使一家人的运势转不开，受到压抑。水族箱也不可以放得过低，也就是直接把水族箱放在地上，犯了“割脚水”之忌，这种摆法将会阻挡贵人上门，造成财运不顺。从科学角度讲，水族箱放置得过高或过低都不利于人们欣赏，容易造成视觉疲劳。

2. 水族箱不宜放在吉方

任何住宅都不可能十全十美，总有些外煞之类的存在，用水族箱来化解外煞是其中的一个巧妙办法。风水学中有“拨水入零堂”的说法，因此水族箱宜摆在凶方，而不宜摆在吉方。从科学角度讲，在房间的犄角旮旯或者光线较暗的位置或者不方便摆放家具的位置摆放水族箱，水族箱的灯光和其中的鱼儿、水草可以弥补这些缺陷。

3. 水族箱切勿摆在沙发背后

因为水性无常，倚之作为靠山，便难求稳定。若是把水族箱放在沙发旁边，则对住宅风水无妨碍。从科学角度讲，在沙发背后放置水族箱，一是不利于观赏，二是背后的灯光、耳旁的水声会使人产生不适感。

4. 水族箱切勿摆在财神之下

因为水族箱本应放在住宅凶方，倘若把财神摆放在水族箱附近，这便与“财归财位”的原则矛盾。

5. 其他

水族箱不宜靠近电视机、音响等电器，也不宜放在阳光直射的地方。

水族箱摆放的位置在风水上不能一概而论。但普遍认为水族箱宜放在客厅、书房、餐厅，不宜放在卧室、厨房、卫生间。具体摆放时要根据实际情况来定，应尽量选择空气流通、采光较好的地方。

最吉利的水族箱形状有长方形、圆形和六角形，有利布局催财；三角形

和谐

或八角形甚至多角形的水族箱五行属火，不宜布局催财；水族箱最忌制成三角形，容易犯是非口舌；正方形的水族箱，五行属土，土能克水，不宜选用。希望大家在选择水族箱时，要多加注意。

家庭养观赏鱼，既可让你的客人多一份谈资，又可以鱼会友，加强交流……想创造有品位的生活吗？想提高生活的质量吗？想给生活增添色彩吗？那就养一缸观赏鱼吧！

（二）选鱼讲究，业兴家安

国人大多有信“风水”的习俗。尤其我国香港及东南亚的华侨是很相信风水的，那里的观赏鱼业也发展得很好，好的观赏鱼要几十万甚至上百万元一条，这与当地经济水平有关，也与人们有信奉“风水鱼”的习俗有关。如罗汉鱼、锦鲤、金龙鱼、红龙鱼等，尤其是龙鱼，人们将龙鱼视为龙的化身，而龙在中国人的观念中代表吉祥，具有治邪、镇宅、旺财等作用，所以各行

风水鱼

各业无不视龙鱼为最佳“风水鱼”，祈望能带来好运道；金龙鱼、红龙鱼身价昂贵，养殖龙鱼也可显现主人身份地位的高贵，从而使得养殖“风水鱼”成为一种流行的趋势。

人人都希望财源广进、事业兴旺、家宅平安，因此，饲养什么鱼是有讲究的。锦鲤、龙鱼（红龙鱼、金龙鱼）、罗汉鱼被视为三大风水鱼。除此以外，金鱼、七彩神仙鱼等热带鱼可以使家居充满平静祥和的气息，同时又有吉利兴旺的意味，均适合家庭作为“风水鱼”养殖。若想用来化煞，可养黑玛丽或黑色的鱼。带有戾气煞气的鱼，如鲨鱼、食人鲳、斗鱼等，则不宜在家中饲养。

鱼的颜色一般选择艳丽好看，使人赏心悦目的为宜。从风水上说，金色、白色，五行属金；黑色、蓝色、灰色，五行属水，都有催财作用。青色、绿色，五行属木，木会泄水；黄色、咖啡色，五行属土，土能克水，对催财的作用较弱。

以上只是介绍了一些“风水鱼”的常识，让有兴趣的读者有所了解。研究风水的门派很多，“风水鱼”的讲究也不仅此一点。若真想养好一缸“风水鱼”，还建议您找专业人士根据您的要求综合设计。

养鱼与风水之间的关系有其一定的道理，但过分依赖风水的念头是不对的。风水与命运只可以依靠，不可以依赖，俗话说“三分天注定，七分靠打拼”。财富的多与少，与您个人的命运、风水和自身努力都有直接的关系。“黄金放在您家门口，若您不去努力，还是会被别人拿走。”出身无法选择，但通过后天努力可能会取得成功。一个平庸的命，若后天懂得与风水配合，加自身努力，则不愁不能招财进宝、建功立业；反之，即使出身富贵、先天条件丰裕，若后天不懂利用，虽有好命不一定能得到富贵。此外，大家还要明白“水能载舟，亦能覆舟”的道理。养鱼与风水若能运用得宜，确实会为您带来益处。但倘若为赶潮流，以为养殖一缸“风水鱼”在家就万事大吉，对鱼缺少打理，弄得“水坏鱼伤”，这不但适得其反，更会因缸水的不卫生而危害家人身体健康——不是转凶为吉，反是养鱼为患。

2

饲养观赏鱼需要做哪些准备工作

一、心理准备

养观赏鱼的诸多好处，会使您对在自己温馨的家里养一缸婀娜多姿的小鱼儿产生浓烈的兴趣。兴趣是养好观赏鱼的首要条件，可光有兴趣和热情不行，还得有一定的心理准备，要有足够的耐心和充足的养鱼知识，精心照顾它们，才能使它们健康的生长。初次养鱼的朋友往往刚开始兴致勃勃，到水族店看见好看的鱼就不惜重金把它们买回家，可不知这些招人喜爱的观赏鱼却是很娇贵的，对水质、温度等有特殊的要求，条件达不到就会生病死去。把养鱼的热情一下子给浇灭了，致使一大批爱好者退出养鱼者的行列，而让漂亮的水族箱成为摆设或送人。因此，我们要从一些既漂亮又好养又便宜的品种开始，如温水性品种红草、锦鲤，热带品种地图鱼、孔雀鱼、曼龙、虎皮鱼、红剑、玛丽鱼，等等，一来可以培养自己的兴趣和信心，二来在饲养过程中不断积累经验，为以后养殖更高品质的观赏鱼打下基础。从简单到复杂，从低档到高档，从养鱼到生小鱼，让您体会自然界生命的奥妙，其乐无穷！

二、观赏鱼饲养的基本知识

饲养观赏鱼也是一门学问，对于初养者来说不需要掌握多么深的专业知识，但最基本的常识是需要了解的。什么是观赏鱼？顾名思义，就是用来观赏而不是纯作为食用的一类鱼，其需具有一定的观赏价值。观赏鱼的分类有很多种，学术界用门、纲、目、科、属、种分类。按照鱼适应的水温可分为热带观赏鱼、温水观赏鱼和冷水观赏鱼；按耐盐程度分为海水观赏鱼、淡水观赏鱼；按其价值可分为普通观赏鱼和名贵观赏鱼；还有分为常见观赏鱼和野生观赏鱼的。据统计，目前世界上的观赏鱼有 2 000 多种，一般情况下，划分为以下几大类：金鱼、锦鲤、热带鱼、海水鱼、冷水鱼等。

养好观赏鱼，养鱼设备也很重要，根据不同的养鱼方式配置不同的养鱼设备，配备合适的水循环系统、加温器材、供氧系统，为您可爱的鱼儿创造一个适宜的生存环境。

真正开始养鱼的时候还要了解很多细致的工作，如补水换水、饵料投喂、水温、照明等。在饲养过程中鱼儿难免会生病，如何预防和治疗，本书将为您一一解答。

三、水族箱的选购

有了养观赏鱼的计划，就要到水族市场看一看，首先了解一下，对于初养的人来说，选择什么样的水族箱要根据自己的需要来定。如水族箱的大小、形状、颜色、价格、家中的摆放位置、用途等都要事先考虑，还要考虑水族箱的材料、牌子和整体观赏效果。对于初学者来说，可以请教有经验的朋友或直接走访多个商家，一是能直接买到合适的水族箱，避免浪费时间和精力；二是能增加养鱼的知识，多交结这方面的朋友。

1. 水族箱的款式

目前，观赏鱼市场上的水族箱款式新颖、美观实用。从形状上分，有四角形、六角形、圆形等，最常见的是四角形，而其中以长方形

六角形水族箱

屏风水族箱

居多；从安放位置来分，有悬吊式、壁挂式、传统式和壁橱式；根据水族箱大小、形状，又分为传统的水族箱、迷你型水族箱。壁挂式、悬吊式水族箱是近几年的新产品，可以说为水族箱这个大家庭增添了新的活力，这类水族箱采用高科技，可以自行控制水温，保持水质清新，随意挂在墙上，节约空间，就像一幅游动的风景画，别有一番情趣。迷你型水族箱属小型，一般长度不超过 60 厘米，小到 20 厘米，是小型鱼和水草造景的完美搭配；传统的水族箱，一般指大中型，在这两种水族箱内可以饲养一种鱼，也可以搭配混养不同的鱼儿，颜色各异，热闹非凡。

餐桌式水族箱

2. 水族箱的大小

居家的水族箱不宜过大，一般以不超过墙面长度的 1/4 为好。太大的水族箱会储存太多的水，水固然重要，但不宜太多太深，尤其是面积小的客厅，更不宜放很大的水族箱，要讲究协调。一般以长 60 ～ 180 厘米（不要超过 200 厘米），宽 37 ～ 60 厘米为宜。

办公室里的水族箱的大小，可以结合办公场所的面积和空间来布置，因为办公室既是个人的私密空间，同时也是他人的公共空间，太大了可能给人压抑感，不利于交流。办公桌上的迷你型水族箱，几棵水草几条小鱼儿，可以让您在紧张的工作中随时享受一份宁静与安逸。

3. 水族箱的高度

水族箱的摆放高度是需要注意的。假如水族箱摆得过高，不稳固、不安全，可能造成事故。水族箱的高度一定要适中，不可太高也不能太低，太高了给人压抑的感觉，另外也不好打理；太低了影响观赏效果。一般以能平视为宜。水族箱的总高度不能超过 1.9 米，玻璃缸部分 50 ～ 80 厘米（包括缸盖）。

四、水族箱摆放宜忌

从力学上讲，一缸水是很重的，一个 60 厘米 ×30 厘米 ×38 厘米（长 × 宽 × 深）的水族箱可容纳约 68 升的水，大点儿的水族箱可容纳上千升水，当然对水泥地板是没问题的，但对于木地板一定要放在受力点上。居家一般把水族箱靠墙放置，子弹头式的水族箱要放在门口，一头靠墙，可作为屏风，效果也非常好，但开门的时候要小心啊，以免吓着鱼儿。

壁挂式水族箱

从健康的角度讲，前面讲过，水族箱就是一个加湿器，完全可以满足居室内的湿度，特别是冬季气候干燥，室内悬浮颗粒易带有致病菌，容易引起呼吸道方面的疾病。笔者有个学中医的朋友，家里买了一套红木家具，用了一段时间后发现家具出现裂纹，并且发现还在扩大，咨询南方厂家，说是北方空气过于干燥的缘故，后来装了个水族箱，经过一段时间的观察，发现裂纹停止扩大了，并且明显地感觉到家里的空气让人很舒服，不像原来冬季有暖气时给人特别干的感觉。平时您也会发现，一段时间后缸里的水位下降了不少；当然也不能过于湿润，所以水族箱以放在客厅为最好。

圆角式水族箱

玄关是放置水族箱的最佳位置，从视觉上讲，当您辛苦一天到家的时候，它会带给您温馨的享受，带给客人欢快的心情。从风水的角度来看，在玄关放置水族箱，可化解外面直冲大门而来的煞气，防止阳气外泄，并且有招财的作用。底柜还可以当鞋柜，一举两得。

客厅中的水，为明堂水，客厅中的水有“接气”的作用，起到招财、添禄、改运、挡煞的作用。而且色彩缤纷的鱼儿，使得室内更富生机。

很多品位高的人会在书房里放置水族箱，鱼和水草都有生命，它们在水族箱里繁衍生息，可提升文昌气，对学生和准备考试的人大有益处。

茶几式水族箱

另外要注意的是，靠近窗户的位置不能放置水族箱，因为这里光线太强，容易使水族箱内生长藻类，影响美观。也不要放在卧室，水族箱过滤系统、增氧机发出的声音会影响睡眠。

选好位置，量好尺寸，下一步就是到水族市场选购心仪的水族箱了。

五、装备水族箱

可爱的鱼儿都喜欢在洁净、宽敞、清新的水环境中自由自在地生活，一般观赏鱼适宜水温为 20 ~ 30℃，畏强光，喜欢有水生植物的生活环境。因此，恰当的水温、良好的水质、充足的光照、足够的溶氧，是养好观赏鱼的必要条件。购买到称心如意的水族箱，还要配备附属设施，如增氧机、过滤器、加热器、照明灯具等，通过模拟自然环境来满足观赏鱼的生长需求。

也许您会感觉到很麻烦。其实也不用担心，您只要看好水族箱，水族店都是成套器材和水族箱一块儿销售的，水族店人员会帮您运到家，专业技术人员也会到您家里安装好，加好水调试正常了才会离开，有什么问题也会随时上门服务，您只要掌握操作方法就行了。

当然，水族店会根据您的要求为您配备不同类型、不同档次的器材。

（一）过滤器

与自然环境相比，水族箱里鱼的密度是相当大的，鱼的排泄物、食物残渣比较多，腐烂后会释放氨，对鱼十分有害。废物越多，产生的氨就越多，水质变得越快。这就需要用过滤器来滤掉废物，控制有害的氨。当然，定期适量换水也不失为一种较好的途径。常见的过滤器大概可分为以下几种：

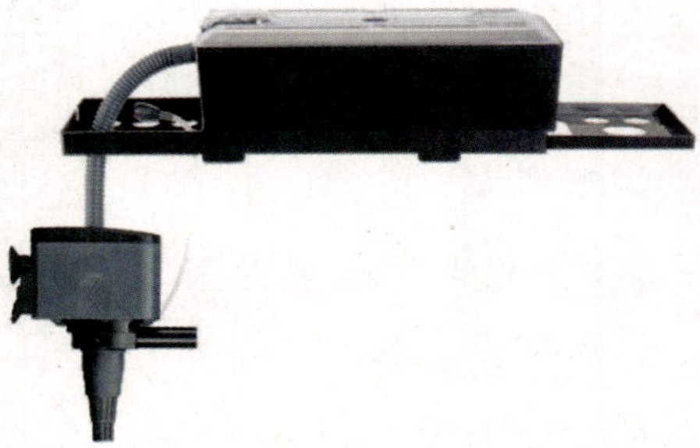

顶部过滤器

1. 顶部过滤器

将过滤器置于水族箱顶部，用水泵将水抽到过滤器中，过滤器为一长方形盒，内置过滤棉、过滤砂、活性炭等滤材，过滤后水从盒底流入水族箱中，同时完成空气与水的结合，达到过滤增氧的作用。这是最传统的过滤器，可充分利用水族箱顶部空间，设置容易，价格低廉，清洗方便，但由于顶部空间有限，过滤器不可能很大，过滤材料不可能放置过多，可与其他过滤器同时使用，效果较好。

沉水式过滤器

2. 沉水式过滤器

过滤器沉入水中，滤材浸泡在水中，较利于有益菌的生长，噪声较小，同时具有抽水、增氧、过滤功能。但物理过滤效果较差，比较适用于小型水族箱。

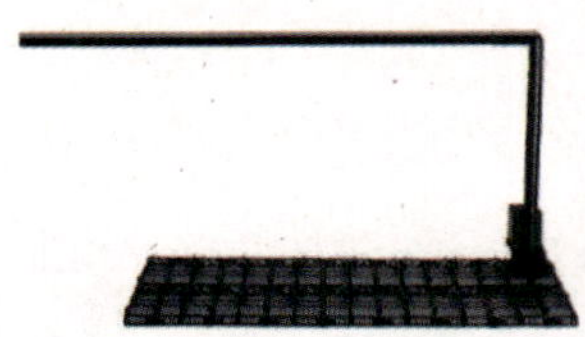

底部过滤器

3. 底部过滤器

把过滤器置于水族箱底部，上面覆盖底沙。由于含氧水流穿过底沙，底沙上有较多有益菌繁衍，生物净化效果较明显。安装较复杂，用得较少。

外置式过滤器

4. 外置式过滤器

外置式过滤器分为外挂式过滤器和下部过滤器等多种形式。外挂式过滤器是将过滤装置吊挂于侧面或上方，以潜水泵将水抽进滤槽内，经滤材滤净后再流入水族箱中。优点是容易清洗，使用方便，但较不易生长硝化细菌。下部过滤器一般用于高档水族箱，安装在水族箱下部的橱中，用管道与上部的水族箱连接，可放多种较好的过滤材料（过滤棉、生化球、陶瓷环、活性炭、吸氨石等），效果较好，适合中高档观赏鱼养殖和水草造景类水族箱，一般 3 个月清理 1 次。

5. 底柜内循环系统

目前新兴的循环过滤装置，直接与水族箱底部相连，一般过滤槽经过滤棉、生化球、活性炭等滤材，同时过滤槽内放置加热棒、增氧设备、杀菌灯、循环泵等，优点是过滤效果很好，避免了传统过滤设备在水族箱内影响美观等缺点。

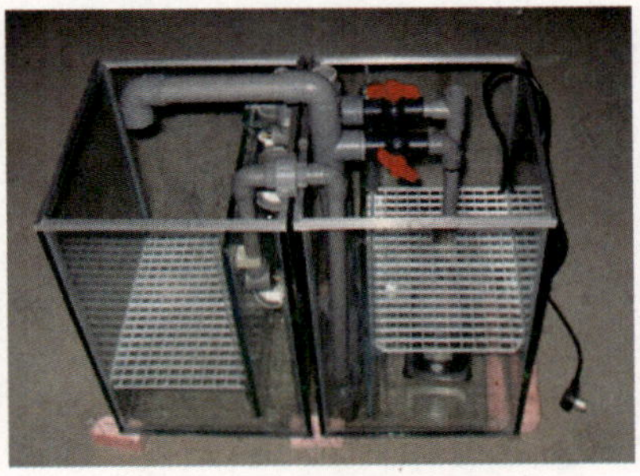

底柜内循环系统

（二）增氧设备

水环境中充足的溶氧是养好鱼的关键，往往观赏鱼死亡的一个重要原因就是缺氧造成的。因此在水族箱中须配备增氧设备。有些好的过滤器在循环过程中也起到使水跟空气接触而达到增氧的目的，但最好备用增氧设备，以防意外。

双孔增氧空气泵

市面上常见的增氧设备分大型和小型两种，小型水族箱增氧需用小型空气泵，大型的常用在大型水族箱、酒店海鲜池以及锦鲤鱼塘等需氧量大的地方。家庭水族箱中，我们用小型空气泵就足够了。小型空气泵又有单孔、双孔和四孔之分，其气量随孔数增多而增加。小型空气泵原理是用一个交流电磁环，在通电时驱动一带有磁极的振杆，压迫橡胶碗来产生压缩的空气。出气口接塑料管，塑料管尾端有气泡石将空气破碎，增加接触面，加大溶氧量。一般空气泵的气量可调。大型泵一般用气缸压缩，气量大，性能更可靠。

选购要点

✿ 规格

依水族箱的大小。家用大型水族箱可选四孔或双孔，小型水族箱选单孔空气泵就可以了。

✿ 气量

不管单孔或多孔，购买时要检查出气量。取一胶管，放入水中并通电，检查气量，看气量大小调节是否正常，有无变化。选气量大的买。

✿ 声音

工作声音当然越小越好，但声音小，气量也小。

✿ 气味

运作几分钟，看有没有异味（电器发出的烧煳味）以及有无严重发热等。有条件的话，可选几个同型号橡胶碗备用。

✿ 价格

国产的一般十几元，好的也就几十元，具体也不好说。

✿ 附件

塑料管和气泡石。一般都随水族箱一起送，记住，送也要选好的：塑料管不要太短（也可自买），气泡石有细沙和木制的，依您的实际情况选，一般选国产细沙的就可以了。不过，细沙的要轻拿轻放，以免破碎。

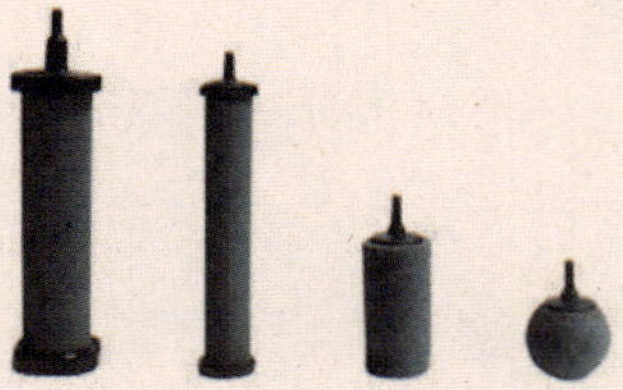
各种型号的气泡石

在使用中，建议24小时连续开（特别是夏天，水温升高，溶氧量就更低了），耗电量很少，通常是 10 瓦左右。

（三）加热器

热带鱼和植物要求温暖的生存环境，如果达不到它们的喜好范围，那么它们很容易发生疾病，甚至死亡。同样，水中植物也会因为水温问题，疯长或冻死。幸运的是，现在的技术完全能满足水族箱所需要的温度，只需一种加热装置就行。也许你会想在温暖的房子里可以不用操心温度的问题，而事实上你错了，天气的变化、昼夜的温差和其他问题也可导致水温的突变而造成观赏鱼无法正常生活，在冬季非常寒冷的北方，即使室内温暖饲养观赏鱼也应准备加热器；否则，一时的意外，如暖气暂时停供等原因，会造成不必要的损失。因此，要根据所养鱼的不同适温要求选择可自动调控温度的加热装置，在水族店很容易购买到。

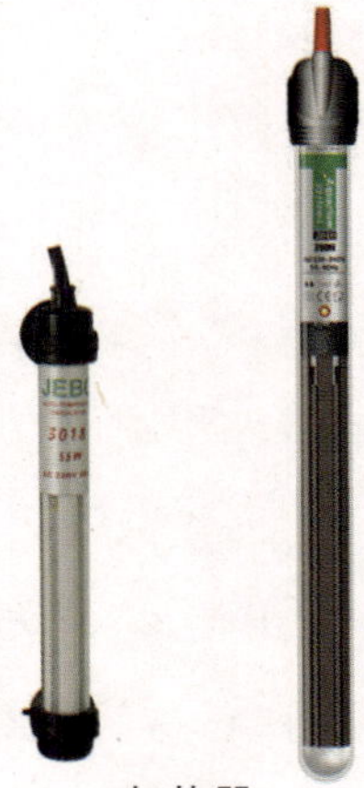

加热器

水族箱加热器花费不多，因为热带鱼的自然生存温度为 20 ~ 28℃，保持适合的温度所耗电不多，一旦温度达到，加热器可自行断电。家庭使用的加热器大部分是单个小型加热元件。市面上有很多品种可供选择，而且多带有恒温控制装置，使用起来安全、可靠。加热器还有一个好处，就是用于治疗病鱼或为一些鱼类提供较高水温以促其繁殖。

水族箱常用的加热器为电阻丝加热器，由电阻丝绕在陶管上，放置在耐热、防水的玻璃管或不锈钢管中，导线经防水密封胶盖连接电源。这类加热器大部分都有自动控温功能，当水温达到设定温度时，会自动切断电源（指示灯熄灭），当水温低于设定温度时，会自动接通电源开始工作（指示灯亮起）。常见加热器的规格有 50 瓦、75 瓦、100 瓦、125 瓦、150 瓦、200 瓦、300 瓦，可根据鱼缸大小选用合适的加热器，用前要根据所养鱼或水草需要的温度旋转至刻度，寒冷季节可一次使用两根或数根，直接浸入水中使用。

选择加热器，必须考虑功率匹配的问题，一般来说，每 5 升水需 10 瓦的功率。例如，90 厘米 ×30 厘米 ×38 厘米的水族箱，容积为 100 升，应选用 200 瓦的加热器。对较大的，90 升或以上的水族箱，需要使用两根 100 瓦的加热器，并分置于水族箱的两端，这样受热均匀，效果较好。

现在，小型水族箱也有配备大功率的加热器，但若加热器的性能不好，危险性就非常大，尤其是当加热器处于非正常的“工作”时，水很快会变热，甚至沸腾而烫死鱼缸里养殖的鱼，高温也有可能使玻璃缸爆裂。而且，水族箱越小，温度变化也越快。功率过大的加热器工作起来就会频繁地启动和停止，极易损坏恒温控制元件而导致加热器故障。相反，大型水族箱配小功率的加热器，当环境温度过低时，即使达到其最大负荷，作用也不明显。

在选购时要认真检查玻璃管或钢管接口处是否密闭，特别是玻璃管，不得有裂纹，有裂纹的千万不能用，否则会因漏电造成事故。还要短时通电看看加热器是否发热，指示灯是否正常工作。使用时千万不能让加热器露出水面太多，以免外壳受热熔化或破裂。

安全建议

加热器入水前，切勿通电，因加热器在空气中升温极快，如不小心，可能会烫伤手，温度高时会炸碎。

家里的小孩子可能会对恒温器上的旋钮感兴趣，如果旋钮没有保护罩，调好温度后，可将旋钮卸下。

一般养热带鱼要备用一根加热器，以防冬季夜间缸内加热器损坏而造成宝贝鱼儿受到伤害。

（四）照明

水族箱不能放在光线太强的地方，但照明是不可缺少的。一是观赏的需要，水族箱在灯光的照射下，缸内景物明亮清晰，鱼的颜色更为亮丽鲜艳。二是满足水族箱中水草的生长和鱼对光的正常需求，并且灯光的色彩很丰富，柔和多彩的灯光可为水族箱增添更为迷幻的景象和效果。

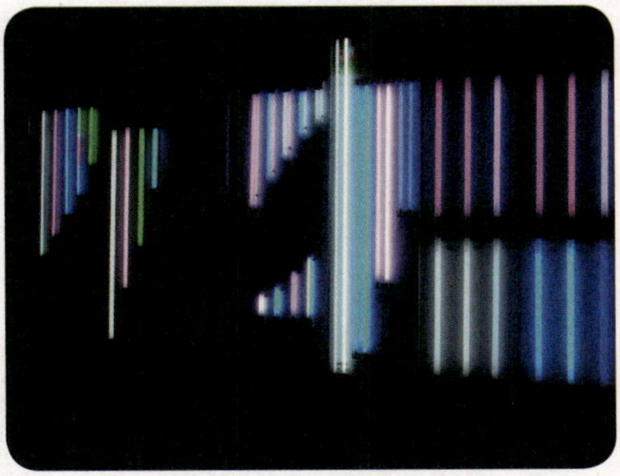

各色照明灯

目前，市场销售的水族箱照明多采用日光灯。以灯的放置位置分水上灯（一般安装在水族箱缸盖上）和水中灯；以灯的作用分为植物灯和太阳灯。植物灯带有的不同颜色起着不同的作用，如蓝色光能促进光合作用，而红紫色光能将红色热带鱼和锦鲤、红草的色彩衬托得更加鲜艳。植物灯的缺点是使用 3 ~ 4 个月后发光会减弱，需定期更换。太阳灯发光强度大，接近日光，有利于水草的生长。缺点是在这种光的照射下有的鱼的色彩会逐渐减退。最好根据水族箱的功能选择合适的照明，也可以两种共同使用，水族箱的缸盖上都设有两根或更多灯管的安装位置。每个灯管都有独立的控制开关，可根据需要开一盏或几盏。

灯管上的英文字母表示不同的含义：C：色温，单位用开（K）来表示。Cr：颜色、色彩。N：自然的、天然的。NA：自然的绿色光系，以加强绿色水草显现绿色鲜明。B：蓝色光系。BR：植物灯。R：玫瑰色或红色。FR：近红外光。PL：紫色。GR：绿色。OR：橙色。PK：粉红。D：接近淡黄色。GL：杀菌灯。

（五）温度计

温度计可以用来随时观察缸内温度，常用的有玻璃棒式和电子式温度计。选购温度计时，要选择易于观察，显示清楚和便于安装的温度计。

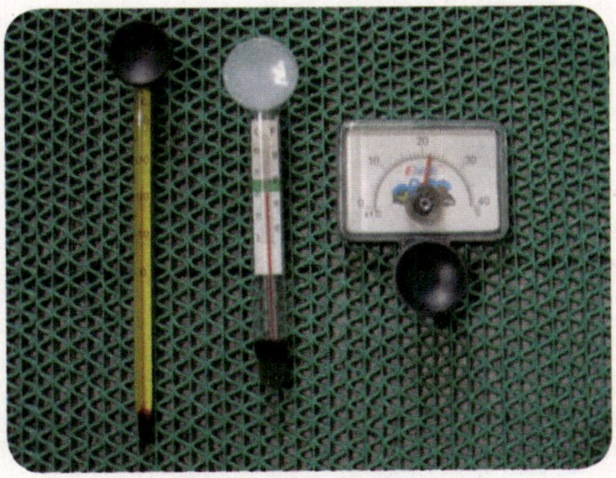

几种常用的温度计

（六）其他常用的工具

1. 捞网

捞网是养鱼过程中不可缺少的工具，水族市场有售，价格也很便宜，规

各种规格的捞网

格有大有小，通常是用钢丝和尼龙网布做成的，根据所养鱼的大小配备不同规格，使用方便，也不伤鱼。

2. 吸污管

一般为直径 1 厘米的塑料管，长度 1 ～ 2 米，中间有个气囊，它是利用虹吸作用，把水族箱底部沉积的鱼粪、残渣等污物及时排出。使用时，一端插入缸内水中，另一端在缸外要低于水族箱，下方放一水桶，用力挤压气囊，水可顺管排出，插入水中的一端直接深入水底吸出鱼粪、残渣。

3. 磁力刷

磁力刷市场有售，是两块带有磁性的各有一面布的毛刷，一块在缸内，一块在缸外，紧贴在缸壁上，随手的推动达到清洗缸壁的藻类的目的。

4. 聚乙烯管

水族箱加水排水聚乙烯软管，无毒无味，长度为从水族箱到卫生间的自

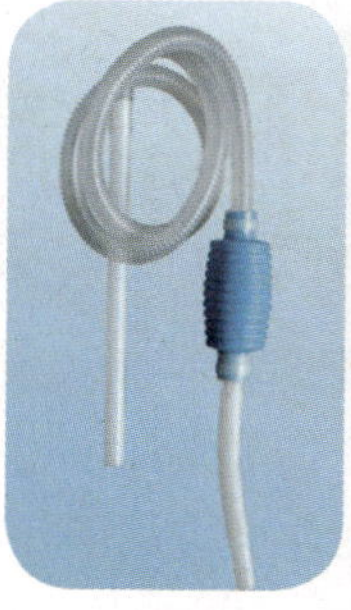

吸污管

清洗水族箱的磁力刷

聚乙烯管

来水管，直径以正好安装到自来水管水龙头上就行。

5. 其他工具

专用水盆、水桶、晾水容器、抽水机。

（七）水族箱的安装

当你挑选好合适的水族箱后，搬运过程中一定要细心操作，特别是大型水族箱，一般不要自己运输，最好交给商家搬运、安装，避免出现意外。

1. 底柜安装

水族箱一般有玻璃缸和底柜两部分，先把底柜放到计划好的位置，要求离墙 20 厘米左右。再一次检查底柜，看有无破损、有无缺配件，特别是底部六个支撑点是否牢固等。然后要对底柜找平，简单的办法就是用手轻轻晃动底柜，看有没有不平的情况；如果有，可以调节支撑点来调平，或者用铁板、塑料片等调平。

2. 安放玻璃缸和清洗

把玻璃缸轻放到底柜上，前后左右调整时，都要有人支撑住玻璃缸，这样才没有掉到您身上的危险。

下一个工作就是清洗玻璃缸。方法是用一块新的布料蘸水擦拭玻璃缸内壁，清理出缸内的纸屑、泡沫等杂物，但不准使用任何清洁剂，因为清洁剂对观赏鱼来说都是危险的。接下来要对水族箱再一次找平，方法是加 10 厘米左右的水，观察水面是否水平，要保证做到：整个水族箱从一边到另一边，从后到前都必须保持水平，可以再一次调节底部支撑点，用铁片或塑料片等调平。

六、水景造型

水是生命之源，水是流动的精灵。从古至今人们都喜欢依山傍水而居。风水里有“水管财，山管丁”一说，所以说把自然界的一角搬到小小的水族箱里，几条小鱼在里面自由自在地游来游去，让您在家中随时享受自然界的美景，同时也给自己带来好运。以前只是在家中养几条自己喜欢的鱼儿玩，随着科技的发展以及人们对物质文化的需求，现在各种水景造型应运而生，您还可以根据自己的喜好自己造景，以充分享受水、景、鱼给您带来的无尽遐想。

（一）置景材料

1. 底沙

各种类型的自然沙子和砾石，还有一些高级的如日本的泥丸等，铺在水族箱底部，主要起固定各种装饰物和栽种水草的作用，在使用前应清洗干净。在选择底沙时，要选择颗粒大小均匀的，直径一般在 3 ~ 5 毫米，直径太大了则水草不易固着，太小了影响透水、透气性，导致水草烂根。还要注意沙子的酸碱性，大部分养有水草的水族箱以弱酸性水质比较适合。养殖慈鲷科鱼类时要选择珊瑚沙作为底沙。

2. 置景石头

在水族箱内摆放石头，与水草等配合造景，能达到和谐统一的自然美。石头的布局，原则上要使画面轮廓清晰，繁而不乱，少而别致，既有立体感，又富有艺术性。石头的种类很多，一般有以下几种：

（1）鹅卵石：是河床山石经流水常年冲刷形成的，光滑浑圆。色泽有红、白、黑、灰等，图案奇特，且有很多色彩层层相间，犹如精心设计的。南京的雨花石最有名，都是中小型的，在水族箱中用上一颗或几颗作为点缀，可收到画龙点睛的效果。

鹅卵石

（2）湖石：俗称太湖石，以太湖产的最有名。表面光滑，形状各异，大的常用来堆积庭院假山，故又称假山石。此石各处都有凹洞，常可洞洞相通，十分适合作为砌造曲径通幽的假山之用，在江南园林设计中到处能见到它的踪影。近年来，小而奇特的湖石被观赏鱼爱好者用作水族箱造景材料，极为形象，颇能烘托出自然界的优美景色。

（3）斧劈石：天然石料，色青灰或黑灰，此石经简单的人工雕琢，可被雕成气势雄伟的奇峰峻岭，或被镌成高矮起伏的山峰，或被凿成挺拔俊秀的假山，布置在水族箱里，别有一番情趣，适宜大型水族箱造景。

（4）吸水石：是一种吸水性较强的岩石，可堆积成各种形状，可利用其洞穴栽种水草，给人以勃勃生机的感觉。

吸水石

（5）珊瑚：是大量珊瑚虫分泌出的石灰质骨骼聚集而成，其颜色有红、白、黑等，形状就像分叉的树枝，种类繁多，使用前要反复浸洗，因碱性重，适宜于饲养喜碱性的观赏鱼。另外，由于珊瑚枝杈多，不宜养大型鱼类，因受惊容易碰伤鱼体。

珊瑚

3. 水草

水草在水族箱造景中起着不可替代的作用。人类的本性是爱好自然，崇尚自然，都喜爱赏心悦目、心旷神怡的绿色。水草形状优美、颜色嫩绿、婀娜多姿，栽入水族箱中，再配以小桥流水、假山花石，几条五颜六色的小鱼儿畅游其间，景色宜人。

水草与观赏鱼的生活有着密切的联系，大部分热带观赏鱼都喜欢栖息于水草中，生机勃勃的水草让鱼产生“家”的感觉，使它们生活得更舒适，更健壮。鱼类是异养生物，需要吸收溶解于水中的氧气并排出二氧化碳等废物，水草是绿色自养生物，在光的照射下进行光合作用，吸收二氧化碳和无机盐，为水体提供氧气。它还有个重要作用就是吸收鱼类产生的粪便以及因残饵腐烂变质产生的氨氮化合物，形成一个生态循环系统，为鱼儿创造一个优质的水环境。

常见的观赏水草因形态不同分为有茎水草、丛生水草、椒草类水草、榕类水草和皇冠类水草。另外可按需光强度分：在生长过程中需较多光亮的，称为阳性草，如太阳草、柳叶草等；需要较少光就能正常生长的，叫阴性草，如椒草、发苔草；介于阳性、阴性之间的，称为半阳性水草和半阴性水草，如水榕、皇冠、水芹、香蕉草等。下面介绍几种最容易栽种的水草。

（1）大榕：分布于喀麦隆等西非国家，属天南星科，具有根茎，向上方长出大型卵形叶。适宜 pH 值为 6.2 ~ 7.2，温度为 22 ~ 26℃，光照为弱、中。对环境适应能力强，易栽培，适合作为前、中、后景。

大榕

（2）小榕：分布于非洲西部，属天南星科，叶片深绿色。适宜 pH 值为 6.2 ~ 7.2，温度为 22 ~ 28℃，光照为中。小榕是榕类中最小的水草，在水族箱中可长到 10 厘米左右，适宜前景。可直接带培养盆埋在底沙中，也可去掉盆，用钓鱼线捆在沉木上。

小榕

（3）蜈蚣草：分布于世界各地，属水鳖科，植株形如蜈蚣，高度可达 40 厘米。适宜 pH 值为 6.2 ~ 7.5，温度为 15 ~ 26℃，光照为强、中。生长迅速，适合初养者栽种，能很快帮助新缸建立稳定的水质环境，起到显著净化水质的作用。

（4）象耳草：分布于北美洲中南部及墨西哥，属泽泻科，心形叶，叶尖钝。适宜 pH 值为 6.2 ~ 7.2，温度为 22 ~ 28℃，光照为中。象耳草适应力强，适合单独种植在较大的水族箱中，可作为前、中景。

象耳草

（5）金钱草：分布于欧洲、美国西部、日本，属樱草科，匍匐性水草，分为绿金钱、黄金钱。适宜 pH 值为 6.8 ~ 7.2，温度为 18 ~ 30℃，光照为中。能很快适应环境，需大量光照，避免其他水草或物体挡住光线；否则，易造成生长弯曲。栽培时要用小镊子单株插入底沙中。可作为前、中景。

（6）小水兰：分布于北美洲，属泽泻科，小水兰在水中近似小草，叶形弯剑状，高度 5 ~ 10 厘米。适宜 pH 值为 6.2 ~ 7.2，温度为 22 ~ 28℃，光照为中，适合作为前景。

（7）椒草：分布于斯里兰卡，属天南星科，水中叶长形，叶片两侧向尖端渐渐变细，边缘呈波浪形。适宜 pH 值为 6.2 ~ 6.8，温度为 20 ~ 30℃，光照为中。适宜较多数量的盆栽，以形成壮观的前景。

椒草

（8）细叶铁皇冠：属水龙骨科，原产丹麦。适宜 pH 值为 5.5~7.5，最适温度为 20~28℃，光照为中、弱。细叶铁皇冠是罕见的水中植物，属两栖性水草，可培植水中和陆地。具有条状根茎，长着黑色或黑褐色的不定根，叶片外形较铁皇冠的细窄，为裂齿状叶片，叶脉有着龟甲壳的纹路。成长完全的叶底会蔓生黑褐色的孢子囊。植物本体为绿色，叶子长度可达 15 ～ 20 厘米，是一种栽培容易的水草。

大喷泉

（9）大喷泉：分布于西非及热带地区，属石蒜科，地域性水草，叶片纤维质坚硬有皱褶。适宜 pH 值为 6.2 ～ 7.5，温度为 20 ～ 28℃，光照为中、强。可作为中、后景搭配。

莫丝

（10）莫丝：分布于世界各地，属苔藓类溪苔科，平均高度 1~35 厘米，繁殖方式根茎分株或侧枝繁殖。适宜 pH 值 5.8~7.5，水温 18~30℃，光照度 400~1 000 勒克斯。造景位置前、中、后景均可，即任意位置。

4. 沉木

沉木是一种质地非常硬的树木枯死后，经自然炭化而成的，密度比一般木材大得多，可以沉入水中。沉木是大自然的产物，形状各异，突出的造型，

沉木造型

会为水草造景烘托出丰富的内涵。

沉木的种类很多，品质不一，在购买时应注意以下几个方面：一要注意沉木的炭化程度，未完全炭化的沉木，含有木质素，在水族箱内会释放出红色或咖啡色，虽对水中生物无害，但会影响观赏效果，所以在选择时应注意辨别。二要注重外形，沉木的外形关系到造景的效果，力求完美，避免让人看了主题不明显或者总感觉美中不足。平时可以多到市场上转一转，好的造型沉木也是可遇而不可求的。三要注意沉水情况，沉木的相对密度大的才能在水中站稳，才可以随心所欲地放置。有的沉木需要在水中浸泡一段时间才会下沉，这类沉木在水中容易站不稳所以一般不要选用，除非造型非常奇特。

仿真水草

5. 人造饰品

近年来，水族市场上又出现了许多形态逼真的仿真水草、假山、小桥、大小房子、小船、仙鹤、放牛郎、钓鱼翁、仙人、亭台、楼阁、水车等，根据需要点缀其间，活脱脱形成一幅幅自然景观画，让色彩美丽的小鱼畅游之中，使观赏者犹如身临其间。

水中饰品

6. 背景画

水族箱靠墙的一面一般要贴背景装饰画，一则可遮挡背面电线、外置过滤器等，二则可与水族箱中造景形成一体。背景画目前主要有两种：一种是在缸外对墙面粘贴的塑料纸画，有草景、石头、海底世界等；一种是在缸内背景面安装厚约 1 厘米的用聚乙烯材料做的背景板，有石头、砖墙、古树皮等。另外根据所养观赏鱼的需要，如龙鱼等要突出高贵以及光线对颜色的影响，可用蓝色或黑色作为背景，蓝色面或黑色面对着水族箱靠墙面用透明胶带固定在缸外壁上。

（二）造景过程

1. 设计

造景方法有分阶梯式造景法、双面式造景法、三度空间水草造景法等。

（1）阶梯式造景法：适合贴壁式造景水族箱，基本造型是由后景水草逐渐往前景呈阶梯状的造景手法，著名的荷兰式造景属于此法。要领：先摆放搭配素材，如石材或流木，摆放时应注意材质的纹路，在不规则的材质上要表现出规则的律动，同样的几块木头、石头，不同的摆设角度就能产生不一样的效果，搭配的素材和水草之间要连接在一起，不间断，才会有连续的整体感。开始时，后景可种植一些生长速度较快的水草，前、中景种植些生长较慢的水草。除了前景草，每种水草尽量一丛一丛地种植，一个水族箱里同种水草最好只有一丛，每丛水草的大小和排列方式尽量呈不规则状，才不会使造景太死板。原则上，阶梯式造景法是由前景到后景逐渐增高，但也可点缀几棵较高但生长不太茂密的水草作为前景，更能显现造景的立体感。

阶梯式造景

（2）双面式造景法：大多是在隔间式造景的水族箱中布置的两面都能观赏的造景手法。要领：由于顾及到两面的观赏性，所以造景时两边都要有美感。可以把水族箱的中间线作为种后景草的位置，再由两边种植中景草和前景草，这样更能凸显造景的层次感与立体感，尤其是在宽度不是很宽的水族箱中，这种手法更能显出双面造景的趣味性。

双面式造景

（3）三度空间水草造景法：除了能欣赏到水中的造景外，水面上也要有造景。要领：通常利用敞开式水族箱，再配上吊顶悬挂式的灯具，才能更好地表现出三度空间水草造景的美感，布景时可多用一些挺水性和浮水性的水草，这样便能欣赏到水中和水上造景变化的乐趣。三度空间水草造景属于难度较高的造景方式，因为它需要较高级的配备，造景时考虑的问题也较多，是一种很有挑战性的造景方式。

三度空间水草造景

不同的水族箱造景的风格有区别，可先在电脑上画出示意图。

2. 铺底沙

种植水草的水族箱，底部要铺一层底沙，厚度 5 ~ 10 厘米。首先要选

沉木加草

沉木捆草

择合适的底沙，经淘净后小心铺入水族箱底部，可均匀平铺，也可根据造景铺出层次或者露出部分水族箱底面作为河床，或在河床里放入大一点儿的鹅卵石，然后在鹅卵石上盖一块儿合适的玻璃作为河面，两侧边用底沙埋好。

3. 布景

这一步主要是按照构思设计方案植入石头或者沉木、房子、亭台、小桥，为增加美感一般要在沉木上和石头上固定水草。方法是：细小的水草，如莫丝、鹿角苔，用缝衣针穿着棉线固定，因线细软，对水草的伤害最低。鹿角苔、莫丝生长速度快，很快就能将线埋住。也可用细网先将这两种水草网住，一段时间后即可全部长满网片而看不到网片，市场上卖的莫丝、鹿角苔就是一片一片的，买来后不要将网拆除，可用尼龙线将成片的莫丝、鹿角苔修剪后捆绑在沉木或石材上。

水草固定

水榕、铁皇冠等大型水草，生长速度慢，固定时一定要用尼龙线，除了不易腐烂外，而且相对固定力较大。小型的有茎水草如珍珠草、香香草、苹果草等，利用棉线固定就行，方法同上。

此外，还可将水榕等种在沉木或石头里，选择一些带有孔的石头或沉木，经处理后，用水榕培养盆里的岩棉包住水榕根部，塞入石头或沉木的孔内。还有的是用岩棉包住水榕的根部用射钉枪将水榕固定在沉木上，以达到某种观赏效果。

4. 安装加热器

加水前一般要先安装加热器。安装加热器前，先看说明，不同的生产厂家产品都有差别，所以需要仔细阅读产品说明书。首先根据所养鱼和水草所需的温度调整加热器上的温度指示刻度，使其对准所需温度。加热器上都带有两个吸盘，使用时先套上两个吸盘，一个套在加热器顶部，一个套在底端，湿润吸盘才能使加热器与玻璃缸壁粘牢。位置一般选择在玻璃缸一角，垂直安装，为了美观，也可水平安装，隐蔽在水草或石头后面。但有一点需注意，即最好将整个加热器全部埋入水中，避免因露出水面持续加热造成密封处塑料熔化出现漏电事故。

在冬季温度过低时，要安装两根加热器保证温度，或者需要紧急加温时也可选择数根加热器，但必须注意温度达到时一定要关闭多余加热器电源，一般保留两根加热器即可满足冬季需要；平时还要注意缸内水温，及时调整加热器的数量和观察其加热效果，避免因加热器损坏造成损失。

5. 安装过滤器

过滤器品种很多，在这里，我们主要介绍四种最常用的过滤器的安装。

（1）内置式过滤器（沉水式）：又叫三合一式过滤器，有过滤、抽水、充氧三种功能。因功率小，适合用于小型水族箱。安装前要仔细阅读产品说明书，不同厂家的产品有细微差别，但原理一样。首先取出过滤器，按说明书组装各配件，插好充气管，湿润吸盘，把过滤器安装在玻璃缸一角，调整出水口和出气口朝向玻璃缸对角线或相对位置，同样要求将过滤器埋入水中，充气管另一端可固定在该过滤器电线上并露出水面。

（2）顶部过滤器：目前，市售的水族箱大部分都配备有这种过滤设备，不过一般都是只有抽水机和过滤槽，过滤槽里仅有过滤棉而已。安装前自己要先买足生化球、陶瓷环、活性炭等，活性炭可以多买一些，因为活性炭一般 1 ~ 2 个月要更换 1 次。安装时，先在缸内一端安上抽水机，把进水管一端连在抽水机出水口，另一端连在过滤槽上。然后在过滤槽里铺一层过滤材料，活性炭要放在过滤槽泄水口处。如果水族箱较大（长度超过 1.2 米），要配备两个抽水机，在两端各设一个，垂直接到过滤槽的两端进水口管上，泄水口设在过滤槽中央，在泄水口两边各放一包活性炭，其他过滤材料也分两边放置，高度不能超过过滤槽，以防水溢出。

（3）外置式过滤器：一种是密闭式的，一种是开放式的，都是放在底柜中。特点是不占使用空间、美观、噪声小、能够放置较多滤材，过滤效果最好。相对来说，密闭式过滤器清洗麻烦、价格较贵，根据水族箱大小有不同型号，大水族箱可以同时安装两个。安装前要仔细阅读说明书，这里以佳宝 809 型为例，适合于 1 米以上的水族箱，过滤箱内可放五层滤盒，水 9 升，功率 35 瓦。首先对照说明书检查各部分配件，看是否齐全，一般出厂各部分已安装齐备，只需连接进排水管、放置滤材即可。第一步，取出过滤箱，在五层过滤盒内分别放置过滤棉、陶瓷环、生化球、活性炭等，依次放入过滤箱中；第二步，在水泵盖上分别按上面“IN”“OUT”标记安装进、排水阀门，不得颠倒；第三步，在水族箱一端安装进、排水管，进水管头部安装的塑料花篮要伸到水底，排水管安装多孔管位置可设在水面下 5 厘米处，孔面可平行于水面也可稍斜向上方，分别用吸盘固定，然后从箱体背面预留孔中穿入底柜连接在水泵盖上，与“IN”“OUT”进、排水阀门正确连接；第四步，盖上水泵机头，并用扣板扣紧密闭，整体放入方盘中。

安放在底柜内的过滤槽

（4）底部开放式过滤器：一般是厂家直接安装固定在水族箱底柜中，原理是缸内水通过底部过滤器的抽水机抽入水族箱底部，缸内水溢流到底柜中的过滤器中，经滤材过滤后再经抽水机上升到水族箱，达到净化、增氧的目的。优点是清洗方便、简单，包括加热棒、温度计都可放入该过滤器中，避免影响水族箱内的美观。缺点是必须保证过滤器中水位不得低于要求水位，避免因缺水造成抽水机在缺水情况下损坏。这种过滤器一般都是水族箱直接配备的，您无须自己安装，但要跟安装人员学会使用方法以及需要注意的地方，以便自己以后清洗和日常管理。

6. 加水

饲养观赏鱼的水一般有六种：第一种是地表水，如江河湖泊的水，这种水称为天然水；第二种是地下水，有井水、泉水；第三种是雨水；第四种是自来水；第五种是蒸馏水；第六种是海水。也可以自己配人工海水。家庭养观赏鱼一般以自来水为主，自来水水质比较清洁，含杂质少，细菌和寄生虫也很少，是养观赏鱼很理想的水。

我国很多城市的自来水都是取自江河、水库，因而水质中性偏软；还有一部分城市或者个别单位的自来水取自地下深水井，这种水往往矿物质较多，硬度较大。从地理位置上分，南方城市的自来水水质多呈中性或偏酸性，较软，适宜养殖亚马孙河流产的各种热带鱼；而北方城市的自来水一般为中性或者弱碱性，较硬，适宜养我们亚洲产的热带鱼，不过近几年随着国内观赏鱼业

层峦叠嶂

的发展，很多观赏鱼已能适合大部分地区的水，但部分鱼的繁殖会受水质的影响，必须经过调节才能繁殖出后代。

用自来水养鱼应注意，无论什么地方的自来水，在净化过程中都是用氯气或漂白粉、明矾等化学药物消毒杀菌，浓度一般为 0.2 ～ 0.5 毫克 / 升，特别是在阴雨天浓度会加大。氯在自来水中存在是有益的，因为它能抑制细菌生长和有机污染物的产生，从而保证水的质量以供人饮用。而在水族箱中，鱼类依赖滤膜上的细菌净化废弃物，如果这类细菌被氯气杀死，水体里的氨氮和亚硝酸盐等有毒物质就能很快达到杀死观赏鱼的水平，同时自来水中含氯的浓度本身对大部分鱼类来说都是致命的，严重的话可造成全军覆没。

所以，自来水在使用前要经过处理。第一种方法是晾晒，直接在水族箱中或在其他广口容器中放置 3 ～ 7 天，如果能在水中加增氧机曝气，效果更好，让水中氯气挥发出来。第二种方法是用除氯器，晾晒的方法花费时间较长，使用除氯器可快速去除水中氯气。除氯器的工作原理是：自来水经活性炭吸附水中氯，达到净化水质的作用，除氯器上有进水口和排水口，除氯器内放有活性炭滤层，水通过活性炭滤材氯被吸附，流出的水即为去氯水，可直接用来养鱼，但除氯器中活性炭要定期更换，避免活性炭因失去作用造成去氯效果不好。第三种方法是在水中加入大苏打(学名硫代硫酸钠,药店有售，很便宜)，每 10 升水加入 1 ～ 2 片即可；也可备用脱氯剂（观赏鱼市场有售），按说明加入水中混合即可，操作更简便。

如果您想养大型鱼，水族箱里也不放饰物，用水管直接充水即可。但第

枯木逢春

一次可以先加一半水，检查一下缸体是否有漏水等异常现象，经仔细检查无此现象可加满水。如果是造景的水族箱可要小心了，要避免大的水流破坏草景，这时您要先在缸底部放一小盆或盘子，让水对着盆或盘缓慢加满水即可。然后将过滤器通上电源，调试过滤器正常循环；给加热器通电，看加热器上指示灯是否开启；再次检查造景，可用手或捞网柄弥补不平整和一些细微不理想之处。

最后一步，就是检查水族箱缸盖。将缸盖从包装箱内取出，内面向上平放在包装箱上，首先安装照明灯管，水族箱一般是两根或三根荧光灯，根据需要选择不同颜色的荧光灯搭配。一是弥补日光灯的不足，促进植物的生长；二是不同颜色的变幻增加观赏效果。安装灯管时要细心操作，确保灯管上的正负极插入孔中，并稍微转动以防接触不良，旋转密封圈固定灯管。然后擦干手将缸盖的电线插头接通电源，打开照明开关检查灯光是否正常，不亮或者闪动的可以通过轻轻地旋转灯管解决，其他问题要由专业人员排除故障。

盖上缸盖，接通过滤机、增氧机、加热器等，这一步要切断电源，确保安全哦。全部运行正常后关闭灯光。此时水族箱就装备完毕了，虽然有的还种有水草，但现在可绝对不能放鱼，俗话说“养鱼先养水”，一是除氯，二是新水族箱要形成适合养鱼的生态循环，可以加入一些生态制剂（硝化细菌、光合细菌等），一般要循环一周左右才能放鱼。

3 观赏鱼品种搭配

关于品种搭配混养问题，首先应了解观赏鱼种间习性与食性的差异，要弄清楚哪些观赏鱼不能共养，哪些观赏鱼可以共养，哪些观赏鱼只适合单养。有些名贵的鱼不能共养，再者，是否能共养还需要看水族箱的大小。对于初学者来说，要到观赏鱼店去咨询，他们通常都会告诉您，哪些鱼能养在一起，哪些鱼是不能共养的。一个水族箱中放鱼的多少，要考虑水族箱的体积、设备、鱼的大小及品种、溶氧、日常管理等，从观赏的角度看，以适中最好，放养多的话容易造成水质恶化、鱼病增加，整个系统形成恶性循环，劳动量增大，失去观赏意义。

一、品种搭配混养原则

1. 搭配有清洁作用的品种

大中型观赏鱼一般搭配 1 ~ 2 条清道夫，清道夫喜刮食缸壁上的藻类和残饵；水草缸可放几条青苔鼠、金苔鼠、食藻虾等，能有效控制水草缸中各种藻类的生长。

2. 混养品种应生活习性相近，个体相差不大

因为在同一个水族箱内，当饵料充足时，各种鱼可以和平相处；一旦饵料缺乏，个体小的鱼往往吃不到食物；饵料严重缺乏时，还有可能出现大鱼咬伤小鱼的现象。

3. 大型鱼和小型鱼不能混养

小型鱼是指体长为 3 ~ 12 厘米的观赏鱼，适合在水草造景缸中饲养，如孔雀鱼、美人鱼、红绿灯、青苔鼠等，与水草造景共生，可形成一个完美的活图画，这类鱼被称作草缸鱼。而大型鱼往往会破坏造景，一般都是裸缸养殖，或在幼小时（如锦鲤、彩鲫鱼 10 厘米前）放在水草造景缸中饲养。

4. 游动速度快的品种与游动速度慢且动作不灵活的品种不宜混养

因游动速度快的品种摄食能力强，摄食多。游动速度慢的鱼会因吃不到饵料，时间长了变得瘦弱或死亡。

5. 习性截然不同的品种不能随意搭配，应考虑是否会相互残杀

有的同一类鱼也不能混养在一起，如花罗汉、红龙等，一般一个缸内只能养一条，否则会有一条被咬死。

6. 混养品种要注意水层的分布，最好上、中、下层都有分布

选择喜欢在不同水域层次的鱼来混养，可科学地利用水中的空间，各得其所，也有益于观赏。

7. 各混养品种对水温、盐度、硬度、pH 值的要求必须一致

如锦鲤、金鱼、彩鲫鱼一般不和热带鱼混养，鲷科鱼由于要求水的硬度较高，一般不和其他软水性鱼类混养等。

8. 高档观赏鱼的搭配品种更需谨慎

要以高档观赏鱼为主，所搭配品种绝对不能对其有任何伤害和影响。

二、风水鱼与品种搭配

在中国传统文化中，“鱼”与“余”的发音相同，人们希望年年有余，年年有花不完的钱。有鱼必有水，在风水学里，水代表财，水能养鱼，所以很多鱼因名字或外观而被赋予了这样那样的寓意。如龙鱼，那帝王般的气势，容易让人跟中国传说中的“龙”“真龙天子”连在一起；锦鲤，自古就被中国人视为吉祥之物，称为“风水鱼”，通常被饲养于庭院、花园的池塘中；金鱼，在我国更是被视为“国粹之鱼”，具“国色天香，富贵有余”之意；马来西亚产的花罗汉，因其硕大的头部，犹如传说中老寿星，游动时常高昂着头，被当地华侨解读为“添福添寿”“步步高升”的吉兆等。其实，养鱼更在于精神上的享受，鱼取悦了人，使人们心情好、事业顺、身体健康。

1. 福禄寿财

组合：龙鱼、泰国虎、大头花罗汉、金招财各一条。

点评：龙鱼代表富贵幸福；泰国虎全身黄色，身上的三条墨纹形似老虎而得名，古时称食朝廷俸禄的武将为“虎将”；大头花罗汉就像传说中的老寿

星；金招财鱼身上的两个腹鳍胸位似人两手捧着个大元宝。四者寓意增福添寿、加禄送财。

2. 四喜发财

组合：台湾血红鹦鹉四对。

点评：四对血红鹦鹉，寓希望收获四面八方钱财、大吉大利之意。

3. 九龙壁

组合：银龙九条。

点评：寓意来自建于乾隆年间故宫的九龙壁，正面共由 270 块烧制的琉璃块拼接而成，壁饰有九条巨龙，每条龙都翻腾自如，形态各异，彰显皇家的气势。明亮的水族箱中有九条传说中的“龙”，尽显主人的高贵。

4. 五龙闹海

组合：银龙五条。

点评：五条龙鱼在水族箱中上下翻滚，大有排山倒海、各显神通之势，这种组合适合放在办公场所，寓意在发挥每个员工的才能。

5. 二龙戏珠

组合：银龙两条、红元宝鱼一条。

点评：两条龙鱼与一条火红的红元宝鱼在同一水族箱中，远观就像传说中的二龙戏珠。

6. 安乐人生

组合：红龙或过背金龙一条、独角鹦鹉四条。

点评：寓意幸福、辟邪、高贵的龙鱼，加上独角鹦鹉，就像看管住宅东、南、西、北方位保平安的独角麒麟，让您尽享家庭平安幸福。

7. 红运当头

组合：红头花罗汉一条。

点评：红头花罗汉，全身布满珠鳞，光彩照人，特别是头顶或包括前半身全部为鲜艳的红紫色，给人以大吉大利、喜气盈门的感受。

8. 一路发

组合：168 条血红鹦鹉。

点评：鹦鹉鱼又叫发财鱼，在水族箱中放养 168 条血红鹦鹉，谐音“一路发”。

9. 年年有余

组合：放与年份一样数量的血红鹦鹉，如 2008 年，就放 2008 条血红鹦鹉，以后每年加一条，平时有死亡的及时补齐，也可以用其他鱼代替，要看您的喜好。

点评：红色在中国人眼里是大吉大利的象征，用与年份一样数量的血红鹦鹉寓意“年年有余”、“好运连年”。但要求水族箱长度最少要 2 米以上，甚至更大。

10. 全家福

组合：六对金鱼品种，也可以是十三对锦鲤，规格一致。

点评：金鱼、锦鲤有一个共同的特点就是容易饲养，风水学中也把这两种鱼看做是健康长寿的鱼。金鱼目前有六大类，锦鲤有十三大类，集中其品种，每个品种放一对，饲养这类鱼不仅可以使居家庭院平添乐趣，更可以使家中的每个人享受健康鱼带来的福气。

还可以根据自己的喜好放 9 条，中国数字中往往以“九”为最大，还有“九”与“久”谐音，含“长久”的意思，所以很多人一般在水族箱内养 9 条鱼。还有养“8”“6”条的，小型鱼也可以是以尾数为“9”“6”“8”等。当然一个是要使自己心情愉快为目的，另外一个需强调的是一定要视水族箱的承受能力，以不感到拥挤，密度适中为标准。

4 如何养好观赏鱼

一、养水

俗话说“养鱼先养水”，水质的好坏直接影响到鱼的健康。自然界中不同的水域都有适应自己环境的生物种群，在合适的水环境里才能正常繁衍生息，而水族箱养鱼是一个简单而又复杂的过程，创造一个能使观赏鱼健康生长的、与自然界相仿的水环境是养好鱼的关键。

所谓水质，主要是指水体的酸碱度和硬度，酸碱度是指水中 pH 值的高低，是由水中游离氢离子的浓度决定的，硬度是水中钙、镁等离子的含量多少。pH 值用数字 1 ～ 14 表示，7 为中性，大于 7 为碱性，随数的增加表示由弱碱性变为强碱性，14 碱性最强；反之，低于 7 为酸性，数越小酸性越强。硬度用德国度表示，大于 8° 为硬水，小于 8° 为软水。天生在酸性软水中生活的鱼类在酸性软水的水环境中才能健康地生长，而不能生存在碱性硬水中；相反，生活在碱性硬水中的鱼也不能在酸性软水中生活。要想成为一个成功的养鱼者，您必须为您的鱼儿创造一个合适的水环境，当然这是指养鱼中的高手要达到的水平，也就是不但能养好鱼，还要能够让您的鱼儿生小鱼，或者杂交新的品种。这就要求对水质进行调节，包括酸碱度、硬度甚至盐度的调节。平时一个小小的水族箱的水质是经常变化的，对于一些高档鱼的发烧友或者生产者来说，要通过一些专业的分析仪器、试纸、试剂来分析，运用正确的调节方法达到自己需要的水质标准，满足鱼儿健康生长、繁殖后代的需要。但对于广大普通养鱼爱好者来说，了解关于水质的基本知识就行，观赏鱼大都喜欢在弱酸性或弱碱性接近中性的水中生长，我们饮用的自来水就是弱碱性或弱酸性，清洁卫生、方便易得。平时只要对加入的新水进行去氯处理、定期换一些新水就行了。因为目前市场上的绝大多数观赏鱼都是人工繁殖的，还有很多是人工培育的新品种，在生长过程中已经完全适应了人工养殖下的水质，很少像在野生条件下那样对环境要求那么苛刻。市场流通的品种也是好养的品种，只要不是繁殖场对部分鱼在繁殖时有特殊要求，掌握正确的换水、加水方法就够了。

如果有条件的话，您可以通过快速水质测定盒检测您爱鱼的生活环境，pH 值是衡量水的酸碱度的单位，可以通过对水中 pH 值的测定，掌握养鱼的品种和调节 pH 值来满足观赏鱼的不同需求；氨氮、亚硝酸盐主要是分解有机物和鱼类粪便产生的，对鱼类和其他水生生物有很高的毒性，氨氮浓度大于 0.2 毫克 / 升、亚硝酸盐大于 0.02 毫克 / 升，在长期情况下对鱼类是有害的，在高浓度情况下几小时就会杀死鱼类。安全范围：氨氮浓度不得超过 0.2 毫克 / 升、亚硝酸盐不得超过 0.02 毫克 / 升，可以通过定期加入硝化细菌等方法降低水中有害物质的浓度，最好的方法是通过补充水、换水来改良水质或者两者结合，才能保证您爱鱼的健康生长。

以下主要介绍 pH 值、氨氮、亚硝酸盐的测定。

1.pH 值的测定

先用水族箱内的水冲洗取样管两次，再取水样至刻度线，向管中滴加 pH 值〈2〉或 PH 值〈1〉药液 5 滴（一般常用 PH 值〈2〉），摇匀后与标准色阶自上而下目视比色，与管中溶液色调相同的色标所示数值即是水样的 pH 值。

注意：若水样混浊可通过过滤或放置澄清后按上述方法测定。

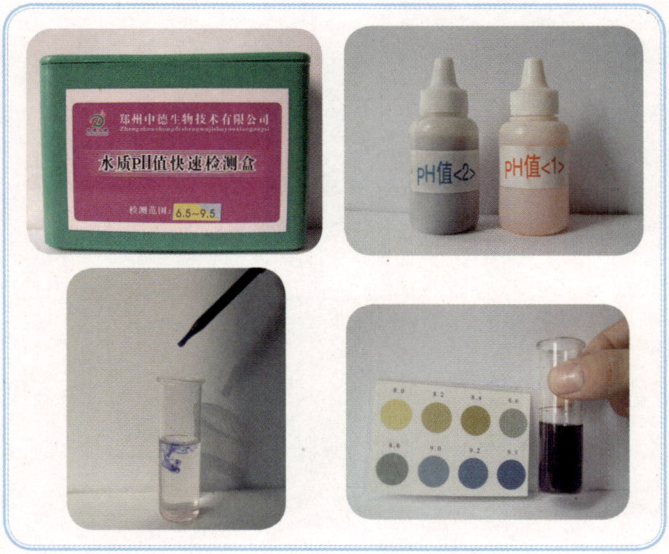

pH 值的测定

2. 氨氮的测定

先用水族箱内的水冲洗取样管两次，取水样至刻度（若水样需过滤，应先加几滴稀酸）。往管中加试剂氨氮〈1〉10 滴，塞上试管塞摇匀，再加试剂氨氮〈2〉10 滴，塞上塞摇匀，放置 5 分钟，与标准色卡自上而下目视比色，色调相同的色标对应的数值即是水族箱内水的氨氮含量 (单位 : 毫克 / 升)。

氨氮的测定

注意 : 若试剂加完后立即出现混浊应弃掉，重新将测定用水过滤后再测定。

3. 亚硝酸盐的测定

用待测水冲洗取样管两次，然后取样至刻度线。向管内加入一平勺亚硝酸盐试剂，摇动使其溶解。5 分钟后，自上而下与标准色卡目视比色，色调相同的色标对应的数值即为待测水中亚硝酸盐含量（以氮计，单位:毫克 / 升）。

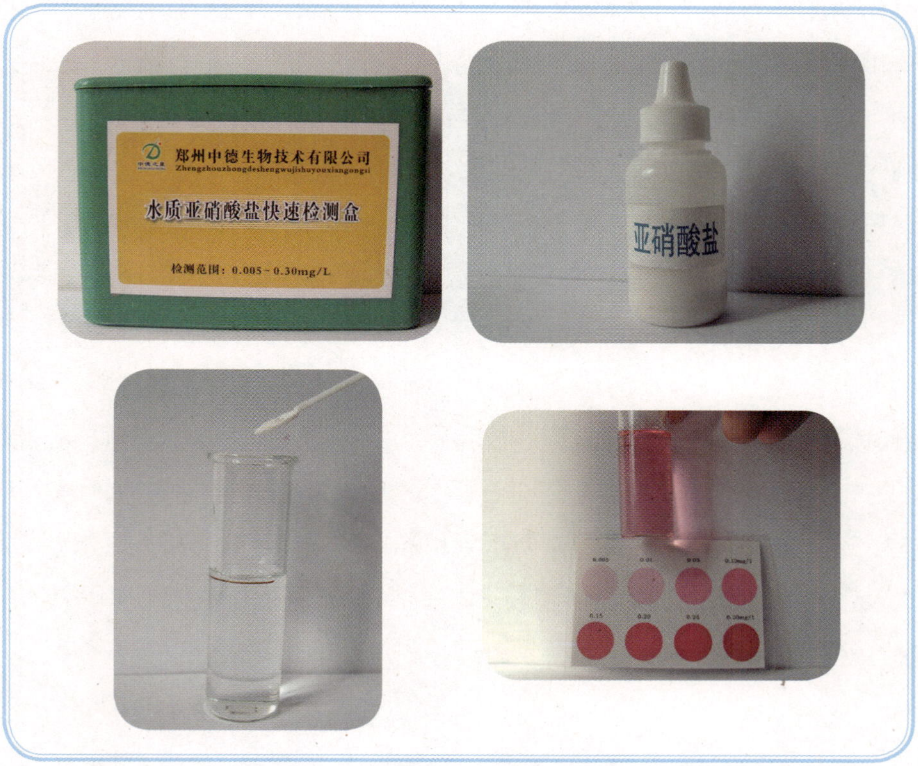

亚硝酸盐的测定

注意：若亚硝酸盐量超过色卡所指色标，可用不含亚硝酸盐水（如凉开水）稀释一定倍数，再按上述方法测定。

二、观赏鱼选购

当您了解了以上知识后，水族箱也全部安装好并加水运行 7 天左右，如计划养热带鱼要再一次检查水族箱内水温，一般要控制在 30 ～ 32℃（因鱼在运输过程中会受伤，而在 30 ～ 32℃时恢复最快），就可到水族市场买鱼啦。对于初次养鱼者，要先到水族店观察一下，一是不能购买水族店刚从外地购进的鱼，这些鱼往往体质差，在新环境中更容易感染疾病，所以要买那些已在水族店中养了一段时间又已适应了本地水质的鱼儿。

还要注意的是，水族箱中的鱼看上去无精打采，或漫游在水面或在水族箱一角或沉在缸底，游动很慢；水的颜色发白不清晰；或有死鱼，或用捞网不避不躲；说明这样的鱼已经患病或者体质很差，不能购买。原则上只要有一条死鱼或有以上情况时，整缸的鱼都不要买。

特别是首次养鱼，应当选择生命力强、容易饲养，对水质要求不严的品种，等有一定经验了再养那些要求技术高以及高档的品种。一般常温性鱼有彩鲫鱼、锦鲤、金鱼等，小型热带鱼有虎皮鱼、曼龙鱼、孔雀鱼、美人鱼等；大型热带鱼有地图鱼、银龙鱼、鹦鹉鱼等，您可以请教水族店的人员，他们都会告诉您应该先学养哪些鱼。但还要自己认真观察，健康的鱼体表鲜亮、无伤，各鳍完整，游动迅速，抢食积极，不容易捞到的鱼才是健康的鱼。第一次买鱼可以先少买几条，一是来试试新水族箱的水，二是可以多来几次水族市场，和水族店人员多聊聊，您会学到很多养鱼经验，或者让有一定养鱼经验的朋友陪同到有信誉的专卖店购买，是最理想的。

三、观赏鱼放养

您在水族店选好鱼后，他们会根据您在路途的时间，按一定的用氧量将您选择的鱼用氧气袋充氧包扎好，如果路程较远，冬天或是夏天气温低或高的时候，一定要求水族店用泡沫保温箱包装起来，避免途中氧气袋中的水温降低或升高，出现问题。

鱼拿回家后不能立刻倒入水族箱中，不然会因温差过大引起鱼儿感冒和其他不适，一般小型鱼温差不得高于2℃，大型鱼不得超过5℃。正确的方法是，先打开水族箱盖，不要打开氧气袋连同鱼放入水族箱水面 15 ~ 20 分钟，等氧气袋内水温和缸中水温相近时，解开氧气袋使水族箱中水徐徐进入氧气袋中，然后让鱼自己游出来，袋内水如果脏的话，应放鱼后取出来倒掉。如果有条件，可以打开氧气袋倒出一半水再加入水族箱中的水重新充氧，待 5 ~ 10 分钟后再放，这样会更好。特别是一些高档鱼或运输时间长的时候，氧气袋中氨氮、亚硝酸盐浓度过高，直接放鱼，鱼会因水质突然改变引起不适。

还有需要注意的是，如果缸中已有观赏鱼，在放鱼前要把原来的鱼喂饱，避免它们欺负或者攻击新鱼。另外，一定要等两天以后才能喂食，刚买的鱼在运输过程中会有应激反应，生理功能紊乱，喂食过早容易引起消化不良等症。

四、观赏鱼饵料

观赏鱼饵料主要有天然饵料和人工配合饵料两大类。天然饵料分为动物性饵料和植物性饵料，动物性饵料有草履虫、轮虫、红虫（水蚤）、丝蚯蚓（水蚯蚓）、血虫、丰年虫（丰年虾）、淡水鱼苗、虾类、面包虫、大麦虫、蜈蚣、蟋蟀，还包括动物内脏、下脚料等；植物性饵料有水草、藻类、蔬菜等。人工配合饵料是把鱼粉、豆粕、肉骨粉、大麦粉、多维、酵母粉、虾粉、无机盐等混合经蒸汽膨化造粒成型，符合不同鱼不同时期的营养需求。

蜈蚣

蟋蟀

草履虫、轮虫、丝蚯蚓、丰年虫等适合喂小型观赏鱼和观赏鱼的幼苗阶段，虾类、面包虫、大麦虫等是大型观赏鱼的优质饵料。植物性饵料是草食性、杂食性鱼儿的最佳食物，如清缸鱼、虾类等。近几年，人工配合饵料发展很快，配方能满足各种鱼的生长需要。

1. 饵料质量

动物性饵料种类多、营养丰富，但有的动物性饵料受环境影响往往带有许多病原体，如丝蚯蚓多生长在水质严重污染的地方，体内有大量使观赏鱼慢性中毒的重金属、寄生虫、细菌，容易引起观赏鱼肠胃疾病。水族箱养殖观赏鱼饵料质量的好坏是鱼儿健康成长的关键。什么是好饵料呢？要根据鱼品种、生长发育时期的不同，喂以需要的饵料。如果选择错误，不仅浪费金钱、时间，有可能还会赔上鱼儿的性命，甚至能打消您的养鱼热情。判断饵料的好坏一般可以参考下面几点基本标准：

（1）人工配合饵料配方要求科学合理、营养全面，能完全满足不同鱼、鱼儿不同发育阶段的正常生长需要。

（2）动物性饵料要求来源无污染，不能携带任何寄生虫、病菌，不能腐败变质等，长期投喂能保证鱼儿健康成长、生长迅速。

（3）形状、大小要适口，在水中保持 10 小时原有形状基本不变，营养成分不流失，不污染水体。

（4）夏天饵料保质期不超过 1 个月，冬季不超过 3 个月，密封饵料最长不要超过 6 个月。

2. 饵料的保存

鱼饵是养好鱼的最关键的条件之一，因此饵料的正确保存显得至关重要。正确保存饵料可以减少浪费，节约时间，让您尽情享受养鱼的快乐。

（1）活鱼苗：是银龙鱼、地图鱼等肉食性观赏鱼的最佳食物，但不易存活。这里教您保存活饵料鱼的正确方法：利用水盆等容器加半盆去氯的自来水，配一小型充气机增氧，在水族店每次购买少量饵料鱼，经 5% 食盐水浸泡消毒 3 ~ 5 分钟，然后倒入盆中放置在冰箱冷藏室，充氧低温保存，可以保存 15 天。也可以直接放阴凉通风处增氧保存，一般可以保存 5 ~ 7 天，期间，发现饵料鱼有死的要及时捞出，以免污染水质和影响其他饵料鱼的保存，还要定期更换新水。喂时用小捞网捞入水族箱中，切记每次不可购买过多；喂观赏鱼的时候可以先捞游得慢的喂，但死的就不要再投喂您的爱鱼了，避免吃死鱼引起肠炎病。

（2）红虫、血虫的保存：红虫、血虫蛋白含量高，是许多小型鱼和大型观赏鱼幼鱼的优质饵料，但受捞获量和市场的影响，有时多，有时缺货，所以保存也是必要的。红虫、血虫从野外捞回来后，要先用大的容器盛水养4～5小时，经20毫克/升高锰酸钾水溶液浸泡消毒10～15分钟，再洗净滤除水分，分装在冰箱里的制冰塑料盒中冷冻保存。也可以用盘子作为容器，放虫厚度不要超过1厘米，然后用刀划成1厘米的方块，在上面盖一层保鲜膜以防止冰冻虫里的水分蒸发。在喂鱼时先要经水化开再喂，防止刺激到鱼儿的肠胃。丰年虫也是这样处理的，也可以直接在水族市场买现成的冷冻红虫、血虫，直接放家中冰箱冷冻室保存即可。

（3）面包虫、大麦虫的保存：面包虫、大麦虫是龙鱼的饵料，作为饵料鱼、饵料虾的替代，也是部分观赏鱼的主要饵料，它们的保存相对简单。为了防止爬出来或者有的家中成员看到害怕这些东西，可以买一个装观赏龟的透明小塑料盒，因有一透气的塑料盖，非常方便。只要把大麦虫、面包虫和麸皮或锯末混合，能存活1～2个月。喂时用长柄医用镊子夹住经自来水冲洗后直接投喂。这种方法还可以保存蜈蚣，底部用湿土加瓦片，蜈蚣因喜阴凉常钻在瓦片下面，可以保存20天左右，但要定期往塑料盒中喷洒水，保持湿润。

大麦虫

大麦虫的保存

虾

（4）虾的保存：虾是高档观赏鱼的重要饵料，虾肉蛋白质含量高，易于消化吸收，虾壳中富含虾红素，对红龙、红元宝、花罗汉、七彩神仙等鱼有增艳作用。买回的虾经清水洗净后放入食品袋中置入冰箱冷冻室速冻，1 小时后抖动装虾的食品袋使虾散开，避免冻成整块，3 小时后再重复 1 次，这样就使虾都是单冻的，喂时需要几个就取几个，非常方便。

（5）人工配合饵料的保存：俗话说“病从口入”，不管是天然饵料还是人工饵料，都要保证新鲜、不能变质。人工饵料因方便使用很受养鱼者的喜爱，但同样也需要正确的保存方法，要放在干燥通风的地方，避免受潮引起饵料发霉变质，一般打开密封后投喂时间不要超过 20 天，最好根据所养鱼儿的需要购买，可以买小包装等办法保证饵料质量。

人工配合饵料

五、日常管理

1. 日常观察

当新的一天开始或忙碌了一天回到家的时候，您一定会迫不及待地打开水族箱的灯看看您的爱鱼儿，与鱼儿一起享受温馨的时光。此时要观察：

（1）鱼儿的精神状态：当您走近它们时，看它们的反应如何，如果一起向您游来，说明鱼儿很健康；如果对您不理不睬、呆滞，或呆在一角、嘴露出水面呼吸空气等情况，要分析原因，首先检查增氧机、加热器、过滤系统是否正常运行，若是鱼病问题，就要对症下药进行治疗。

（2）水色：应清新透明，如变白、混浊、有异味，说明水质已变坏或鱼已生病，要换水或用药处理。

2. 投喂

“鱼饿不死，会撑死”，鱼和其他动物不一样，您不用担心会饿坏它们，没东西吃的时候它们会吸收自身的组织维持自己的生命。长期不喂饵料，鱼儿只会变得消瘦。但喂得过多，会引起鱼儿消化不良，残饵引起水质变坏，造成恶性循环而发生鱼病。

喂鱼要注意：

（1）定时：选择一定的时间，分不同情况选择每天早晚各喂 1 次或每天 1 次、两天 1 次或每周 2 次等。名贵鱼如红龙等一般水族箱中鱼尾数很少，可以选择每天喂 2 次或 1 次；水草造景缸可以每天喂 1 次；金鱼、彩鲫鱼可以选择每周喂 1 次或更长时间。

（2）少喂：以 1 分钟内吃完就可，感觉每条鱼都能吃到饵料为宜。喂鱼前可以先观察鱼的吃食愿望是否强烈，打开缸盖空手试探一下，若全缸鱼一起聚拢到手边时，第一次可以喂平时量的 2/3，这样每条鱼基本上都能抢到饵料，再根据情况投喂另外的 1/3 即可。假如吃食不积极可以少喂几粒，剩饵要立即捞出，因为水族箱中水温高很容易败坏水质。喂得多，容易使水族箱里的水变混浊而失去观赏效果，大量换水还会造成浪费和劳动量增加。

（3）适口、新鲜：饵料要大小适口、不能变质。不同规格的观赏鱼饵料要有相应的粒径，喂幼鱼可以把大粒径的颗粒或片状饵料压碎。对于肉食性鱼类要投喂活饵或冰鲜饵料，活饵如活鱼苗在喂前应用手指轻捏半死，使观赏鱼能不费力得到食物，避免在抢食物中碰撞缸壁受伤。

（4）及时清除残饵：喂鱼半小时内务必把没吃的饵料，全部用捞网捞出来，或用吸污管抽出来，以免污染水。

3. 排污换水

一个设备齐全的水族箱，也是一个生态循环系统，鱼类的一些排泄物会被水中的硝化细菌、水草缸中的水草等吸收，但会受很多因素的影响，不会达到自然界水域自身强大的自净能力，特别是没水草的水族箱，饲喂观赏鱼的残饵、粪便沉积在缸底，时间长了就会腐败变质，恶化水质，降低溶氧，对观赏鱼的生长不利，严重者会造成观赏鱼的死亡。水质过滤系统虽然会很大程度地改善水质，但要养好鱼还要及时清理残饵、粪便，方法是在喂鱼后半小时，用排污管吸出缸底粪便和残饵，然后补充同样的新水。

有的水族箱广告写着“终生不用换水”“一年只换一次水”等，笔者根据多年的经验，认为这是不可能的。不管水族箱多么高档，过滤系统多么完善，有毒物质的长期积累都会影响到鱼和水草的生长，因此换水是最好的办法。除了经常排污补水、蒸发补水外，还要给水族箱换水，一般鱼数少的水族箱每周换 1 次，尾数多、排泄物多的最好每周换水 2 次，每次可以换掉水族箱总水量的 1/4 ～ 1/3。

没有底沙的水族箱，可以用普通的排水管插到水族箱底部，先抽出缸底粪便等杂物，然后还要继续抽取底层水，一般底层水含有毒、有害物质浓度要高得多。

对于有造景的水族箱，残饵、粪便容易藏在石头、装饰物、沙里，换水时要用带洗沙功能的吸水管，不停地把洗沙头插进沙里，运用虹吸原理把藏在沙中的残留物吸出来，为防止同时抽出底沙，可以一只手捏住出水口控制水流，这样仅吸出沙中的残留物而又不抽出沙石。在换水时可能会造成水族箱水比较混浊，您不用担心，换完水后稍加过滤就明净如初了。这样每周 1 次或 2 次就可以较好清除沉淀在底沙中的污物，能有效抑制缸中有毒、有害物质的产生。

接下来是加水，加的水一定要经过去氯处理，温度不能与缸中水温差超过 2℃，还要加到原来的高度。经常这样做就能调节 pH 值和水的硬度，降低氨氮、亚硝酸盐含量，增加矿物质，有利于水草的生长需要，促进观赏鱼的食欲，抑制藻类的生长，保持水族箱的观赏效果。

安全提示

在换水时要断开加热器电源，避免因换水使加热器露出水面等原因造成加热器损坏，引起漏电等事故。

4. 过滤器的清洗

高效的过滤系统是保持水族箱水质良好的清洁器，但过滤系统经过长期使用，会出现堵塞，影响过滤速度和效果；大量的沉积物在过滤棉中腐败分解产生硫化氢等有毒气体，活性炭会失效，经过反复冲洗过滤棉会变薄，失去过滤效果。因此要定期清洗过滤器和更换滤材，活性炭一般 3 个月更换 1 次，磁化环、生化球简单清洗可反复使用。注意，磁化环、生化球只在清水中冲洗即可，不可用任何清洁剂；否则，会造成过滤系统中有益细菌的大量减少，破坏原有的生态平衡。

缸外桶式过滤器的清洗：首先断开电源，关闭进排水开关，打开扣板，拿下泵上盖，取出过滤桶，在自来水下冲洗滤材和过滤桶，重新依次装好滤材；准备一水盆，把进排水管放入盆中，打开阀门，冲洗进排水管。如果水管长期使用，藻类生长引起堵塞时，还应取下进排水管在自来水下冲洗，堵塞严重的可以堵住管口在地上摔打几下，再在自来水下冲洗即可。然后重新安装通电正常循环使用，一般 3 个月要清洗 1 次；如果养鱼密度大或过滤器出水变少，要每个月清洗 1 次。

普通过滤器只要定期清洗过滤棉和更换活性炭就行，清洗时，可以断开过滤器电源，把各滤材在清水下冲洗，同样不能用任何清洁剂，洗干净后仍把磁化环、活性炭等放在过滤槽的底部，上面铺过滤棉；也可把连接过滤器的塑料管拔掉，连同过滤槽一起用自来水清洗整个过滤器。

5. 水草造景缸的日常管理

水草造景缸布置得好、水草旺盛、鱼儿健康才能给人以亲近大自然的享受，草是主角，要绿得翠绿、红得艳红，给人以生机盎然的感觉。但往往是刚做好景的时候，让人耳目一新，过不了多久，水草开始出现黄叶、腐烂，藻类丛生，青苔附着，一副破败的景象。

水草造景缸

怎么才能养好一缸水草呢？

（1）种植好养的品种：前面讲过，对于新手或者没时间打理只作为观赏的水族箱，最好种植最好养的品种，如水榕、椒草、皇冠、象耳草、蜈蚣草、金钱草、水兰等。

灯照

（2）适宜温度的控制：水草生长的最适温度在 20 ~ 26℃，水温较低，易使水草生长不良或被冻死；水温较高，则大部分水草易烂死。还有的水草在夏季会休眠，如大浪、气泡王等。

（3）良好的过滤效果：缸外过滤器因为滤材多、过滤面积大，培养硝化细菌的能力强，不容易流失二氧化碳，是水草缸的最佳选择。

（4）光照：对水草来说，光照是其生长的主要条件，但不能直接采用太阳光，否则会造成缸内各种藻类疯长，因此水草造景缸灯光设备一定要到水族店选择合适的水草专用灯。

（5）充足的二氧化碳供应：水草以二氧化碳为“食物”，水中缺少二氧化碳，水草的光合作用就很微弱，甚至停止。要使水草正常的生长，就要向缸内补充二氧化碳（可以到水族店挑选合适的充二氧化碳设备）。

（6）肥料添加：良好的营养底沙，定期添加优质、全面的水草液肥，也是水草健康生长的必要条件。

（7）定期换水：坚持每周换水 1 ~ 2 次，每次换 1/4 左右，对水草的生长和抑制藻类有很好的作用，尤其是在没有二氧化碳添加的水草缸中。

（8）放养食藻鱼虾：在水草造景缸中放养喜欢吃藻类的鱼虾，可以很好地控制各种有害藻类的生长，常见的食藻鱼虾有：

A. 清道夫：爱吃红藻和褐藻，采食藻类效果好，因体形大容易对水草造成损伤和破坏造景，因此一般在水草造景缸中不放清道夫。

B. 青苔鼠：喜欢吃蓝藻、绿藻和硅藻，是水草造景缸中养的比较多的一的种鱼，鱼体小时食藻量大，非常勤劳，但一旦长成成鱼，就开始偷懒不爱吃藻类了。还有一种黄色的品种叫金苔鼠。

C. 吻嘴鱼：喜吃绿藻，特别是叶片上的丝状藻或刷状绿藻，是具有清缸作用而又有风情的观赏鱼。

D. 泰国飞狐：食藻王，对那些令人头痛和讨厌的须状藻有特殊的爱好。

E. 水晶虾：体长只有 1 ～ 2 厘米，娇小又可爱，是水草缸的最佳搭档。它们喜欢吃死鱼尸体、粪便、残饵，还喜欢吃各种藻类，而且勤勤恳恳，清除得干干净净。但不能搭配凶猛性的小型鱼，因为虾在生长蜕壳时会被小型鱼吃掉。另外缸内水温不能太高，以免造成小虾死亡。

其他的食藻鱼类还有：直升机、黑玛丽、红玛丽、皇冠鼠、三间鼠。

重要提示

笔者接到很多咨询电话，询问平时鱼养得很好，但不知什么原因就死掉了。调查中发现，其中一个重要原因是，一年当中换季的时候容易死鱼，也就是每年的 5 月、9 月左右。5 月时气温忽高忽低，这时候有的人感觉天气已经很热了，就把加热器拔掉了；9 月开始，天气容易突变，此时养鱼的人会忘记给水族箱加热，所以换季的时候气温变化是鱼大量死亡的主要原因。正确的做法是：5 月不能把加热器拔得过早，要等到气温稳定在 25℃以上；8 月中下旬最低气温低于 20℃时，要及时给水族箱加热。

5 常见观赏鱼品种

观赏鱼品种很多，共有 2 000 多个品种，其中淡水品种有 800 余种。这里就市场上较常见的品种给予简单介绍。让大家有所了解，在购买时有所选择。

一帆风顺

一帆风顺

别名：长江胭脂鱼，国家二级保护动物。

形态特征：体侧扁，有 3 条黑色竖纹，幼时背部高高隆起，背鳍扬起就像一叶帆船，因此得名“一帆风顺”。成鱼体形变长，颜色为淡红色或暗褐色，从吻端到尾基有一胭脂红的宽横带。

饲养特点：生存水温为 4 ~ 35℃，适宜水温为 20 ~ 28℃，主要以底栖无脊椎动物和水底的有机物为食，也吃一些高等植物碎片和藻类；人工饲养下，可投喂鳗鱼饵料。生长速度很快，属高氧鱼。

七星刀

七星刀

别名：东洋刀。

形态特征：身体前半部宽厚，尾部尖小，背弓形。体色灰黑，腹部至尾端有 4 ~ 9 个镶白边的黑色圆斑。

饲养要点：容易饲养，对水质要

求不严，适宜水温 24℃以上。肉食性，喜欢吃小鱼虾，也可投喂碎肉、冻鱼块。其可经耐心驯化以接受人工饵料。只能与同规格大型鱼混养。

淡水鲨

淡水鲨

别名：斧头鲨，虎头鲨，属于鲶科。

形态特征：淡水鲨体色有黑、白、灰、红四种。前三种体色的鲨鱼多作为食用鱼饲养，尤其是灰鲨最受欢迎，其背部青色，体侧青灰色，腹部银白色。红鲨即水晶巴丁鱼，多作为观赏鱼饲养。在水中游动速度极快，性情急躁，受惊容易撞缸。

饲养要点：耐低氧能力强，适应性广，但抗低温能力弱。适宜水温为 20 ~ 34℃，最佳生长水温为 26 ~ 32℃；水温低于 18℃时活动缓慢，反应迟钝；水温低于 12℃时开始死亡。该鱼食性较杂，幼鱼以浮游动物为饵料，成鱼以水生植物及人工配合饵料为食，饵料蛋白质要求 28% ~ 32%。食性杂，食量大，生长极迅速。此鱼常把水弄混浊，影响观赏效果。

金招财

别名：长丝鲈，大飞船，古代战舰（古代战船）。

形态特征：成鱼体长 20 ~ 40 厘米，椭圆形，头大，嘴大，体格强壮，腹鳍是两根细长的丝鳍，臀鳍宽大，胸鳍发达。背鳍前部较低，后部挺拔；臀鳍由后腹部一直延伸到尾柄；臀鳍、尾鳍金黄色。全身金黄色，眼睛金黄色，体表鳞片边缘透着淡淡的红色，有金属光泽。雄鱼体色鲜黄，背鳍、臀鳍末梢尖长，雌鱼体色略淡，在光的照射下全身散发着金黄色光芒，金碧辉煌。

金招财

饲养要点：喜光照和水草，适应大空间，处于中上层。体质好，性情温和，认人。生长速度快，小鱼经一年饲养可重达 1 千克左右，最大可长至 20 千克。对水质要求不严，饲养水温为 25 ~ 32℃。水质为中性或微酸性的软水。饵料有小活鱼、鱼肉、虾肉、丝蚯蚓等，也可食用人工配合饵料。

斑马鸭嘴

斑马鸭嘴属鲶科鱼，体色黑白相间，似斑马花纹得名。

形态特征：最大体长可达 60 厘米以上。

饲养要点：适宜水温为 22 ~ 26 ℃，适宜 pH 值为 6.5 ~ 7.5，底层鱼，性情温顺。不适宜和同类鲶鱼混养，否则易引起激烈的争斗。一般大多数爱好者把斑马鸭嘴单独饲养在水族箱中。

斑马鸭嘴

珍珠魟

形态特征：圆盘状，有一尾刺，剧毒。体盘上有许多珍珠般的圆点，容易辨认。

饲养要点：珍珠魟体健，容易饲养，是相当好养的入门品种。适宜 pH 值为 5.2 ~ 7，水温为 24 ~ 32℃，喜食活虾、活鱼。底层鱼，一般与龙鱼等高档观赏鱼混养。

珍珠魟（1）

珍珠魟（2）

红尾鸭嘴

别名：红尾鲶，狗仔鲸，枕头鲶，红尾猫，看家狗。

形态特征：外形比较优美，体延长，宽而扁平。在嘴的上下有雪白高贵的白须 6 对，其中 1 对较长，常向前方伸展。该鱼体色基本上由三种颜色组成：背部灰黑色、腹部雪白色、尾鳍橘红色。且分界极

红尾鸭嘴

为明显，头及吻部很大，一条白线从吻部一直延伸到尾部，尾和背鳍均为胭红色，其他各鳍为蓝黑色，体态优雅。眼眶上半部为白色，形成一半白圈。成鱼体长 70 ~ 100 厘米。

饲养要点：此鱼饲养容易，饲养时需要有过滤器，且要求单独饲养。在中性或弱碱性软水中生活良好，水温为 25℃左右，饵料为活饵、鱼肉等。白天游水的动作非常优雅，夜间觅食，性情凶暴（对小鱼），其他时候性情温和。

绿河鲀

别名：潜水艇，炸弹。

形态特征：体形小，厚实，体色为绿色布满黑色小斑块，各鳍很小，泳姿憨态可掬。

饲养要点：易于饲养，属于杂食性鱼类，可喂红虫等动物性饵料，脾气暴躁，容易攻击同类或其他鱼类，有剧毒，不宜混养。

绿河鲀

虎皮鸭嘴

别名：鸭嘴鲶，分布在亚马孙河流域。

形态特征：全长 80 ~ 120 厘米，适宜水温为 22 ~ 28℃，pH 值为 5.5 ~ 7.8。绝大多数大型鲶科鱼为肉食性鱼种，但鸭嘴鲶对人工饵

虎皮鸭嘴

料的接受度也颇高。活饵不妨选择淡水鱼苗、河虾等投喂。另外，冷冻生鲜饵料，如丰年虫、红虫等也是不错的选择。

混养建议：鲶科鱼多属夜行性，且多为肉食性，再加上性格刚烈，故在与其他鱼混养之前必须先做许多考虑，应注意混养鱼彼此作息习性及混养鱼的生长速度，避免差异过大的一同混养。

反游猫

别名：向天鼠，倒吊鼠，倒游鲶。

形态特征：眼睛大，从名字判断，它与其他鱼不一样，平时游动或静止都是腹部向上，游动速度很快，这种奇特的游姿受到养鱼者的青睐。

饲养要点：水温为 24 ~ 25℃，最好是软水。属杂食性鱼类，可食藻类、水草、小鱼虾、昆虫及新鲜活饵料，亦食人工专用饵料。反游猫有打斗习性，因此，在饲养环境中，应多设置岩石、树根或沉木等必要的隐蔽场所。反游猫易患白点病，平时应加强水质管理，防止水质突变或恶化。

反游猫

玻璃猫

形态特征：玻璃猫，名字的由来源于全身透明和生长在嘴部的两根长长的、状若猫须的触须。它们游动快捷，停留不动时呈上倾的 40 度角，水晶般透明的躯体轻微地摆动，偶尔，在适合角度的灯光的折射下，会映现出如三棱镜折射阳光所产生的如彩虹般梦幻色彩。平时，不仔细观察，很不容易发现它们的踪影，至多看到一副鱼类骨骼在飘动，也因此，它的另一个名字叫“幽灵鱼”。同种类还有另一种也是全身透明，但色泽偏向浅褐色的品种，称为咖啡玻璃猫。

玻璃猫

饲养要点：适宜水温为 24 ~ 26℃，pH 值为 6.3 ~ 7.0。玻璃猫习性温和，较胆小，不喜欢游动，经常躲藏在阴暗的角落中，所以适合在饲养环境中种植大量水草，供它们栖息和躲藏。玻璃猫对水温变化较为敏感，当水温低于 18℃左右时，它们原本透明的身躯将渐渐发白，若水温继续下降，它们整个身体就会蜷曲僵化而死亡。玻璃猫对食物没有特殊要求，适宜水质环境为弱酸性的软水，适合与小型热带鱼类混合饲养。

海象

别名：巨龙，为古老的原始鱼类之一。

形态特征：产在南美洲亚马孙河流域，巴西、哥伦比亚亦有出产。此鱼最大可长至大约 3.3 米，重达 400 千克，曾有人用钓竿钓起长约 2.5 米的巨龙。长大后，一般水族箱是不可能容得下它的，以前在巴西当

海象

地土著，作为肉食用。此鱼与一般龙鱼大不相同，它的体色为黑色，呈圆胖形，粗鳞，头似蛇头，坚硬无比，尾短小。幼鱼时，身体呈墨绿色，尾鳍黑色，长大后，后半体鳞片会有红色鳞框，此鱼无胡须。它在日本很流行，因它是淡水鱼中的巨无霸。

饲养要点：适宜水温为 18 ~ 30℃，适宜 pH 值为 6.5 ~ 7.5。以鱼、虾、蛙类为食。体形笨重，行动缓慢，是世界上最大的淡水鱼类中的一种，生长迅速，适合大型水族箱和水族馆养殖。

红尾金龙

红尾金龙

别名：印尼金龙。

形态特征：原产地在印度尼西亚苏门答腊岛，与过背金龙的栖息地隔海相望。幼鱼时期，红尾金龙的鳞片会亮到第四排，背鳍和尾鳍的上半部为墨色，尾鳍的下半叶和臀鳍为橘红色或红色，胸鳍与腹鳍为橘红色。成鱼后，红色会逐渐加深，但亮鳞最多到第五排不会过背侧鳞只 7 排，背鳍基部的珠鳞也不会发亮。能亮到第五排甚至更高的，市场名字叫高背红尾金龙（宝石龙）。

饲养要点：红尾金龙为大型亚洲龙鱼，人工饲养可达 70 厘米，适宜水温为 24 ~ 30℃，适宜 pH 值为 6 ~ 7。喜欢活饵，如鱼、虾、昆虫等，也可吃冷冻虾肉、鱼肉等。生长迅速，具有龙鱼的各种特性。可单养或少量混养如地图、鹦鹉类观赏鱼。

星点龙

星点龙

形态特征：头部较小，体侧有许多红色的星状斑点，背鳍、臀鳍、尾鳍有金黄色的星点斑纹，成鱼体色为银色带美丽的黄色，背鳍为橄榄色，腹部有银色光泽，各鳍都带有黑边。

饲养要点：星点龙幼鱼极为美丽，由于价格便宜，市场销量大。易饲养，适宜水温为 24 ～ 30℃，适宜 pH 值为 6 ～ 7。饵料和管理与其他龙鱼相同。

恐龙鱼

恐龙鱼（热带淡水鱼）是一种古老的多鳍鱼鱼类，与龙鱼、肺鱼等一样都属于“活化石”的大型鱼类，因而又被称为“古代鱼”。

形态特征：一般成鱼体长 60 厘米。恐龙鱼体格健壮，生长快速，幼鱼时期与成鱼时期会呈现完全不同的体色，并且花纹也会发生转变，外观独特。

恐龙鱼

饲养要点：恐龙鱼的适应力较强，不太挑食。幼鱼可喂食红虫、蚯蚓等；稍大后，再喂食磷虾、颗粒状食物，或鱼肉、鱼肠及鱼肝等；成鱼后，可喂食金鱼、鲫鱼、小大头虾或鱼片。另外，最好喂食部分人工饵料。在混合饲养时，最好采取分散喂食的方法，因为恐龙鱼食量非常大，一旦喂食的鱼饵不够吃时，就会加害其他的鱼。大型的脂鲤科鱼、慈鲷科鱼、鲶科鱼等都可与恐龙鱼混合饲养，但不能和古代鱼中的肺鱼混养。

适合恐龙鱼的水温为 22 ～ 26℃，水质要求总硬度 3° ～ 12°，pH 值为 6.8 ～ 7.2。水族箱长度最好在 100 厘米以上，因恐龙鱼喜欢挖掘沙子，所以水族箱底部最好铺上 4 ～ 6 厘米的沙子。恐龙鱼体格强壮，但如果水中硝酸盐浓度增加，抵抗力就会减弱，所以一定要持续地进行部分换水的工作。

石美人

石美人

形态特征：属虹银汉鱼科。体长 6 ～ 10 厘米，卵圆形，侧扁，背鳍分为前后两个，背鳍、臀鳍上下对称，鳍条低矮等宽似带状。全身青绿色，随环境光线出现粉红色、淡黄色、浅紫色、银白色的色彩变化，非常美丽，背鳍、臀鳍、尾鳍有黄色边缘。

饲养要点：饲养水温为 22 ～ 28℃，水质当弱碱性硬水，pH 值为 7.5 ～ 7.7。饵料以鱼虫为主，也可很好地摄食人工浮水饵料。繁殖水温为 27 ～ 28℃，属卵生鱼类。耐低氧、易养、喜群游，可与美人系列混养。

苹果美人

形态特征：体侧扁，头小，一般成鱼体长 7 ～ 18 厘米。体色红色，侧线鳞周围较暗。

饲养要点：适宜水温为 18 ～ 26℃，pH 值为 5.2 ～ 8.0。喜食活饵，也可投喂人工配合饵料。

苹果美人

电光美人

别名：小彩虹。

形态特征：原产地澳洲，属虹银汉鱼科。体长 5 ～ 6 厘米，纺锤形。背鳍分为前后两个，背鳍、臀鳍上下对称，鳍条低矮等宽，似带状。体色淡黄绿色，体侧有数条点状粉红色纵线。鳃盖上有一个红色圆斑，背鳍、臀鳍鲜红色，尾鳍淡红色。鱼体周边镶着红边，在光照射下犹如一个泛着红光的蓝色幽灵，非常美丽。

电光美人

饲养要点：饲养水温为 22 ～ 26℃，水质为弱碱性硬水，喜食活饵，也可投喂配合饲料。繁殖水温为 27 ～ 28℃。性情温和，适合与小型观赏鱼混养。

黑魔鬼

形态特征：黑魔鬼的身体呈刀形，侧扁，没有背鳍，臀鳍宽大而发达，尾鳍呈棒状；幼鱼时期在尾鳍上有两块白色斑点，但会随着生长而退化消失。另一咖啡色的品种，称为“咖啡魔鬼”。

黑魔鬼

黑魔鬼的眼睛已经退化，却依然能够凭着灵敏的嗅觉，借助宽大的臀鳍和浆翼一般的尾鳍在水族箱中异常灵敏地穿梭。没有哪种鱼类的游姿可以与黑魔鬼相媲美，灵巧、美妙的游姿就像一支黑色的羽毛在风中舞动！这正是黑魔鬼吸引人的魅力所在。

饲养要点：黑魔鬼对水质较为敏感，喜欢生活在弱酸性的清水中。它们的体格极其强健，很少会感染病。黑魔鬼喜欢摄食动物性的活饵，也十分容易接受各种人工饵料。适宜水温为 18 ~ 25℃，pH 值为 6.5 ~ 7.2。

皇冠九间

别名：九间鲨，为大型鱼。

皇冠九间

形态特征：体形流线形，脂鳍很小，靠近尾端。体色黄灰色，幼鱼时身体有 5 条黑色绕身横纹，随年龄增长可增加到 9 条；体长可达 30 ~ 40 厘米。

饲养要点：适宜水温为 22 ~ 28℃，水质为弱酸性。性情暴躁，不宜与其他鱼混养，以免发生争斗，最好单独饲养。

三间鼠

形态特征：体色鲜橘黄色，两侧各有 3 条宽黑横纹，第一条穿眼而过，是鳅类鱼中最漂亮的品种。其鳞片很少。其胸鳍、腹鳍、尾鳍为红色，其他各鳍无色透明。泳姿优雅，具有极高的观赏价值。

养殖要点：适合于群养，如果单独和其他鱼一起养，常躲于一角，变得日渐憔悴。在饲养中要注意白点病。食物习性喜欢活饵，饲养水质喜欢弱酸性，水温为 20 ~ 25℃，喜在水的底层活动。特殊需求：可种植水草，摆放山石等，供其隐蔽。

三间鼠

彩虹溅水鱼

彩虹溅水鱼分布于南美洲亚马孙河流域上游以及巴西境内水域。

彩虹溅水鱼

形态特征：最大体长可达 6.5 厘米。体呈淡红色，全身绽放出彩虹般的光芒，体侧上半部分有一条银白色的线条，非常引人注目。

饲养要点：性情温和，对水质要求严格，宜饲养在水温为 23 ~ 25℃、pH 值为 4.5 ~ 5.2 的超软水中。可喂食人工饵料以及冷冻干燥饵料。

珍珠灯

形态特征：体色呈鲜红色，沿着体轴有一条藏青色的纵纹，鳞片闪闪发亮，非常艳丽动人，各鱼鳍都有黑色斑点分布，鱼鳍长长地伸展，非常具有饲养价值。

饲养要点：适宜水温为 22 ~ 26℃、pH 值为 6.2 ~ 6.8 的软性水质。喜食活饵，也可以吃人工配合饵料。

珍珠灯

小型红铅笔

形态特征：体形较胖，体侧上有两条明显纵纹和一条不明显的条纹，中央纵纹上和背鳍、臀鳍、腹鳍上都呈深红色。

饲养要点：适宜水温为 23 ~ 27℃的弱酸性软水。喜食活饵，也可吃人工饵料。

小型红铅笔

一点红

形态特征：全身呈透明状，尾柄上有一个明显的桃红色斑纹，属上等品种。

饲养要点：要求水温为 25 ~ 30℃，pH 值为 5.5 ~ 6.0 的酸性水质。食物为人工饵料或活饵。性情温和，可与其他小型鱼混养。

一点红

头尾灯

形态特征：体表上的头部和尾柄部分各有一个金黄色斑块，在光的照耀下，会闪光，犹如两盏明灯一前一后，故得名“头尾灯”。红色的眼睛和体侧上的黑色斑纹都很吸引人的目光，背鳍、腹鳍、臀鳍无色透明，在光的照耀下，晶莹剔透。

头尾灯

饲养要点：性情温和，喜群游，适宜水温 22 ~ 24℃，喜弱酸性或中性水质。对饵料无特殊要求，活饵或人工饵料均可。

日光灯

形态特征：体色呈暗糖栗色，体侧上半部有一条浅蓝的绿条纹，从眼部向后延伸到脂鳍底，下半部颜色从银色渐转为亮红色，鱼鳍全呈透明状。

日光灯

饲养要点：性情温和，喜群游，要求水温为 22 ~ 30℃，水质为弱酸性至中性的软水。食物为人工饵料或活饵。

咖啡燕子

形态特征：体形扁薄，腹面有明显的黑边和细小斑点。

饲养要点：要求 25 ~ 27℃之恒定水温，偏好弱酸性软水。食物为活饵或人工饵料。性情温和，适合群体性生活。

咖啡燕子

旗灯

形态特征：体表有一道黑色的直线纹贯穿，其上有红、金两色相间的斑纹，而眼睛的上半部是红色的。

饲养要点：属于性情温和的群居鱼，水质要求 pH 值为 6.0 ~ 6.5，适宜水温为 23 ~ 28℃。食物为人工饵料或小型活饵。

旗灯

玫瑰旗

形态特征：体色呈鲜艳的桃红色，鱼鳍为黑色，特别是雄鱼的底部有上、下两个红色斑点，相互对称，十分美丽。

饲养要点：适宜水温为 24 ~ 27℃，pH 值为 6.5 ~ 6.8 的酸性水质。喜食鱼虫和人工饵料。性情温顺、活泼，适宜与其他小型鱼混养。

玫瑰旗

宝莲灯

形态特征：体长 4 ~ 5 厘米。体色绚丽，体侧从眼后缘到尾柄处有两条

宝莲灯

并行的色带，上方是一条较宽的蓝绿色带，下方是一条较宽的红色带，红绿相映，色彩夺目。在光照射下从不同角度观察，时蓝时绿，不断变换；从胸鳍到尾柄基部的腹面则完全呈鲜红色。全身带有金属光泽，闪闪发光，是热带鱼中的珍品。

饲养要点：饲养水温为 22 ～ 24℃，水质为微酸性软水。易饲养，常成群活动在水族箱的下层。饵料以小型活饵为主，这样可使鱼的体色更艳丽。不需要每天换水，要注意水温不可波动过大。

红绿灯

形态特征：红绿灯体形娇小，全长 3 ～ 4 厘米，鳍也不大。体色突出在侧线上方有 1 条霓虹纵带，从眼部直至尾柄前，在光线折射下既绿又蓝，尾柄处鲜红色，游动时红绿闪烁。养几十尾红绿灯，如观焰火。背鳍位于背中部，臀鳍延长至尾柄后方，各鳍均透明。

饲养要点：红绿灯喜欢 22 ～ 24℃水温，pH 值为 6.4 ～ 6.8，弱酸性软

红绿灯

水，硬度为 4°～8°的老水（水族箱里的原缸水或没有经过大量换水的水）。故在饲养中少换水，换水量宜少。环境安静，不要强光照射。对饵料不苛求，鱼虫、丝蚯蚓、干饵料都摄食。喜欢集体活动，几十尾一群，整日快活游动。

燕子鱼(斧头鱼)

形态特征：燕子鱼并没有艳丽的色彩，但它们奇特的体形吸引了很多观赏鱼爱好者。头小、眼大，体侧扁，头、脊背、尾柄较平，腹部很大，酷似一把斧头。燕子鱼是唯一可以“飞行”的鱼，与飞鱼的滑翔不同，它们在飞行的时候快速地摆动胸鳍，像蜂鸟一样。野生的燕子鱼可以跃出水面，飞行数米远，以躲避敌害的追捕。

饲养要点：燕子鱼性格温顺，喜欢在水的上层活动，有群游性。由于燕子鱼的跳跃能力强，水族箱应该加盖，宜放置安静处，灯光最好缓缓变亮。偏好弱酸性软水，适宜水温为 23～30℃，可能是水族箱中白点病的最早光顾者。食性杂，以动物性食物为主，小型活饵，水中、水面的小型昆虫以及人工饵料均能摄取。

燕子鱼（斧头鱼）

斑马鱼

形态特征：斑马鱼是非常有名的小鱼，饲养容易，是最好的入门鱼种。体侧有几个黄金、银白、蓝绿相间的条纹，故得名“斑马鱼”。

饲养要点：斑马鱼性情温和，活泼好动，几乎一刻不停地游动。喜在中性新水中生活，适宜水温为 21～26℃；斑马鱼既耐寒又耐热，可在 15～40℃中仍可生长。各种鱼虫、人工饵料都可投喂。

斑马鱼

蝙蝠鲳鱼

蝙蝠鲳鱼

形态特征：银灰色，体侧有 4 条横向黑色粗条纹，该鱼体形侧扁，整个身体及尾鳍都呈扇形。

饲养要点：喜在弱碱性而稍带盐分的水中生活，水温以 22 ~ 27℃为宜。蝙蝠鲳鱼个体小，行动敏捷，生性怯弱，喜吃红鱼虫，适宜饲养在较大型水族箱中。

燕子美人

燕子美人

形态特征：体形独特，背鳍和臀鳍向尾端延伸，十分美丽。

饲养要点：性情温和，适合混养。要求水温为 24 ~ 29℃，pH 值为 6 ~ 6.5。食物为活饵或冷冻红虫等。

霓虹燕子

形态特征：全身呈现黄、蓝、橙、黑等颜色，非常美丽。

饲养要点：适宜水温为 26 ～ 28℃，pH 值为 6 ～ 6.5。喜食红虫和人工配合饵料。

霓虹燕子

黑旗鱼

形态特征：背鳍和臀鳍向后长长地延伸，鱼鳃后方还有一块横长形的黑斑，全身散发出神秘的银黑色光泽。大部分鱼种均是雄鱼美丽，但黑旗鱼例外，雌鱼的脂鳍、胸鳍、臀鳍会染上绚丽的红色。

饲养要点：性情温和，可与小型鱼混养，pH 值为 6.0 ～ 7.5，适宜水温为 23 ～ 26℃。肉食性或杂食性，可喂食活饵或人工饵料。

黑旗鱼

红十字

形态特征：成鱼长 5 ～ 7 厘米，体细长，银白色，尾基部有一黑“十”字，周围镶红边，十分迷人。

红十字

饲养要点：对水质要求不严格，一般 pH 值为 5.8 ～ 8.5，水温为 22 ～ 25℃。喜吃活饵。红十字性情较凶狠，不能与其他热带鱼混养；可群养，但雌鱼成熟时会将雄鱼咬死，成熟后应将雌、雄鱼分开饲养。

红肚铅笔

红肚铅笔

形态特征：体侧中央有一条黑色条纹，纹边呈暗红色，鱼鳍上端有白点分布。

饲养要点：性情温和。要求水温为 24 ～ 26℃，pH 值为 6.0 ～ 7.5。食物为活饵。

红尾黑鲨

红尾黑鲨

别名：黑鳌鱼、红尾鱼、火尾鱼。

形态特征：来自泰国的红尾黑鲨在热带鱼中算是中型偏大的品种，体长可达 14 厘米，身体呈纺锤形，尾鳍叉形；全身为黑墨色，尾鳍呈金红色。红与黑于一体，色彩分明，别具一格。红尾黑鲨的另一标志是背鳍特别宽大，嘴上有两根胡须。

饲养要点：红尾黑鲨也是一种很好养的品种，对水质要求甚低，喜欢老水，所以不宜多换新水；适宜水温为 22 ～ 26 ℃ 。由于它属于偏大型的底层鱼类，所以水族箱须宽大略高，并植阔叶水草。红尾黑鲨喜半明半暗生活环境，胆子较小，喜欢躲在草丛中。该鱼食性杂，是著名的“清扫工”，水族箱中的青苔、残饵以及藻类均可摄食，但它以活食为最爱，所以红线虫之类可多喂一些。

在养殖红尾黑鲨时，幼鱼可以同养一缸，但长成后一个水族箱最好只放一尾，因为红尾黑鲨领地观念独一无二，一个小小水族箱中若有了两尾红尾黑鲨，常常会为领地而争斗得你死我活。

蓝三角

形态特征：体长 3 ~ 5 厘米。体呈纺锤形，背部朱红色，背鳍、臀鳍、尾鳍红色，体前半部银色，中部到尾部有一块醒目的三角形黑斑，发出闪闪蓝光。根据其形态大小，其又有大三角和小三角之分。大三角体较大，三角形黑斑清晰；小三角体暗小，体侧三角形黑斑清晰度差。

蓝三角

饲养要点：小型娇嫩品种，性情温和，喜群居，易饲养，不易混养。饲养水温为 24 ~ 29℃，喜微酸性软水。喜在水族箱的上层活动。饵料以小型鱼虫等活食为主。

芙蓉旗

别名：芙蓉裙。

形态特征：体长 4 ~ 5 厘米，身体半透明，体侧鳃盖后缘各有一菱形黑斑，背鳍、臀鳍像裙子，背鳍黑色，各鳍边缘白色，全身黄中透红。

芙蓉旗

饲养要点：要求弱酸性软水，pH 值为 6 ~ 6.8，水温为 24 ~ 26℃，喜食红虫等活饵，也可投喂人工配合饵料。性情温和，适合与小型鱼混养。

银鲨

形态特征：身体为流线形，背鳍和尾鳍都较大且尖锐；全身鳞片呈光亮的银白色，腹部颜色较为暗淡，其他各鳍为黄色且边缘为黑色。眼睛较大显得非常有神，潇洒有气质，是鱼迷们比较喜爱的鱼。成鱼体长约 30 厘米。在水中游动迅速，喜欢群游群栖。

银鲨

饲养要点：鱼体强健，是比较容易饲养的鱼类。在鱼小的时候可与其他小型鱼一起饲养，成鱼应单独饲养或与体形相当的鱼混养。该鱼喜欢弱酸性至中性的软水，适合水温为 24 ~ 28℃。此鱼游动迅速，比较活泼，此鱼爱跳，所以水族箱要加盖。饲养时可投喂活饵、红虫或配合饵料，食性杂但偏植食性。初学者可以饲养此鱼。

一眉道人

形态特征：身体细长，全身披亮丽的细鳞，身体两侧从吻端穿过眼睛至尾叉各有一黑色条纹，黑色条纹上面还有一红色条纹至身体中部；尾鳍两叉尖端各有一个黑色和黄色斑块。体长达 12 ~ 15 厘米的艳丽鱼种正是目前大型水草（10 厘米以上）造景缸所缺乏的主角性鱼种，凭借其夺目的体色搭配和独特的生活习性，成为最漂亮的草缸鱼，广受水族爱好者的欢迎。

饲养要点：适宜水温为 20 ~ 27℃，要求 pH 值为 6.2 ~ 7.2，弱酸性、

一眉道人

中性软水。个体天生胆小的特性使其日常活动中群游性特别强，喜欢在日间活动，日常食谱相当广阔，几乎一点都不挑食。而且对水族箱中的绿丝藻、黑毛藻都相当感兴趣。

玻璃旗

形态特征：体长可达 4 ～ 5 厘米。体色呈透明状，宛如 X 射线照射下的图片，背鳍、腹鳍和臀鳍有镶白边的黑斑，与尾鳍的橙红色斑纹相互辉映。

玻璃旗

饲养要点：性情温和，可与其他体形大小相等鱼种混养，宜饲养在弱酸性的软水中，可喂食含有蔬菜成分的人工饵料，光线不宜太亮，喜群游。

皇冠六间

皇冠六间

形态特征：白色的鱼体上有6条黑色的横带，黑白相间，相当美丽，而雄性成鱼头部有明显的凸起，可作为性别的区分。

饲养要点：此鱼容易饲养，观赏其游姿有悠然自得的感觉，十分讨人喜欢。成鱼可达25～30厘米，故必须准备大型的水族箱，最好是1米以上水族箱。喜好弱碱性的硬水，以小鱼和小虾为食。

非洲王子

非洲王子

形态特征：原产地非洲马拉维湖，属慈鲷科。体长10～12厘米，椭圆形。全身泛着金黄色光泽，背鳍、腹鳍、臀鳍边缘有一条黑色边，非常美丽。

饲养要点：饲养水温为24～26℃，喜弱碱性的硬水，饵料有鱼虫、丝蚯蚓等。繁殖水温为27～29℃，亲鱼性成熟6～8个月，属口孵鱼类。雄鱼体色艳丽，背鳍、臀鳍末梢尖长。产卵时雄鱼在沙中挖窝作为产巢，雌鱼将卵产在产巢中，雄鱼射精后雌鱼将受精卵含在口中，这时可将雄鱼捞出，让雌鱼精心孵化。雌鱼每次产卵50～100粒。

红钻石

形态特征：体色介于暗红色与鲜红色之间，背鳍、尾鳍和臀鳍上的鳞片都闪烁着紫蓝色光芒，看上去好像蓝色的小星点遍布全身，十分特殊。

红钻石

饲养要点：平日性情温和，有领域观念，一到繁殖时期，脾气会变得比较暴躁。喜好弱酸性的软水，pH 值为 6.8 ～ 7.0。肉食性或杂食性，算是西非短鲷中极具魅力的一种。

荷兰凤凰

形态特征：成鱼体长 6 ～ 9 厘米，它与玻利维亚凤凰同属，但是颜色更为靓丽，成鱼身上有着和鲈科鱼一样的花纹，并具宝石般的闪光。雄鱼的鳍上有漂亮的红边。背上的黑斑加上红色的眼睛可谓靓丽非凡。雄鱼展开背鳍上的四根黑色棘条非常美丽。

荷兰凤凰

饲养要点：性情温和，小巧玲珑，几乎终日在水族箱中不停地游动。日常饲养时，在水族箱底部放些鹅卵石，使水质清澈。雄鱼体狭长，活泼好动，体色较深；雌鱼腹部膨大，活动摇摇摆摆，体色较淡。

适合 pH 值在 7 左右、硬度为 8° 左右的水质，水温为 25 ～ 28℃。繁殖难度一般，本种鱼不耐药。肉食性，活动在中底层水域，性情温和，需要单养。在植有绿色水草的水草箱饲养，并保留较大的活动空间。

泰国虎

泰国虎

形态特征：体侧扁呈圆纺锤形，体具 3 条黑色竖纹，体色黄色，得名“泰国虎”。

饲养要点：适宜水温为 23 ~ 26℃，需弱酸性至中性软水。属底层鱼，并且需要水草茂盛，有岩石、石洞的地方。可以设置一些无底花盆来模拟岩洞。它们以岩洞为家，并且很喜欢在岩洞里打滚，极为可爱。肉食性，所以不能和小型鱼混养。

拐棍鱼

拐棍鱼

形态特征：拐棍鱼体长 5 厘米左右，体形细长，头小。银灰色，腹部灰绿色，背鳍、胸鳍、腹鳍、臀鳍淡黄色而透明，尾鳍深叉形。体侧有一条黑色粗条纹，从鳃盖后缘到尾柄基部下弯至尾鳍下叶末端，形似拐棍而得名。

饲养要点：适宜水温为 22 ~ 26℃，pH 值为 6.5 ~ 7.0，软水。喜食蚊子幼虫孑孓和其他活饵，容易饲养，可以跟其他小型观赏鱼混养。

三色神仙

别名：熊猫神仙。

形态特征：原产地亚马孙河，属慈鲷科。体长 10 ~ 15 厘米，体扁圆形。

背鳍高耸，臀鳍宽大，腹鳍是两根长长的丝鳍。体色银白，体表有数个大小不等的黑斑，头顶金黄色，体色黑白清晰，类似熊猫的花纹。

三色神仙

饲养要点：饲养水温为 22 ~ 26℃，繁殖水温为 27 ~ 28℃，适合 pH 值为 6.5 ~ 7.0 弱酸性的软水。喜食丝蚯蚓等较大的鲜活饵料。性情温和，可以和其他小型热带鱼混养；但因虎皮鱼喜欢咬其臀鳍和尾鳍，不能和虎皮鱼混养。

金头神仙

形态特征：原产地南美洲亚马孙河、圭亚那等地，属慈鲷科。体长 10 ~ 15 厘米，扁圆盘形。背鳍挺拔高耸，臀鳍宽大，腹鳍是两根长长的丝鳍。全身银白色，唯头顶金黄色而得名。

金头神仙

饲养要点：饲养水温为 22 ~ 26℃，繁殖水温为 27 ~ 28℃，水质微酸性的软水。金头神仙性情文静，动作潇洒，被誉为“观赏鱼皇后”。

红尾皇冠

原产地南美洲，属慈鲷科，为当地的食用鱼。

形态特征：它全身披着金属蓝色，背鳍、臀鳍和尾鳍镶着鲜明的红边，与全身的金属蓝形成强烈的对比。雄鱼的头部顶着一个暗红色的肉瘤，像戴着皇冠的霸者，给人一种富贵、长寿的感觉。

饲养要点：红尾皇冠对水质要求不高，中性和弱酸性的水都能接受，生长水温在16 ~ 30℃。喜食小鱼等动物性饵料，也能食用人工配合饵料。

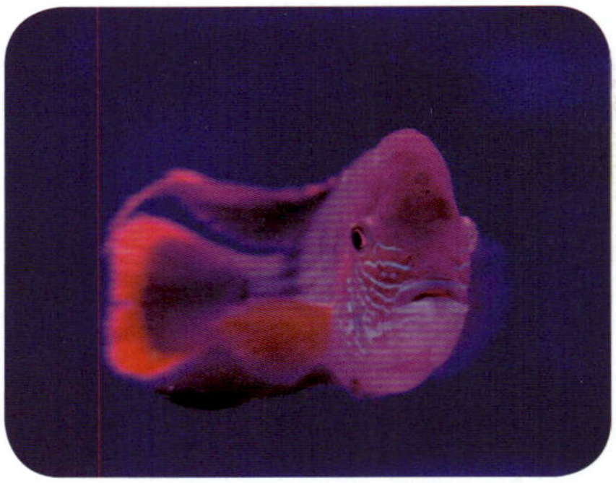

红尾皇冠

帝王三间

别名：眼斑鲷，金老虎。

形态特征：体长 80 厘米，头大，口大，下颌突出，口裂向上；背鳍基很长，臀鳍基很短，尾鳍基部有一块黑色镶金边的大圆斑，明显似眼，故又名眼斑鲷；体侧有三道黑色竖纹，腹部金黄色，故又称“金老虎”。

饲养要点：能适应弱酸、弱碱性水质，适宜水温为 20 ~ 30℃，最适水温为 24 ~ 28℃。属肉食性凶猛鱼类，幼鱼就能吞食小鱼。在野生环境下帝王三间只栖息在水质透明的地区，所以饲养时要特别注意水质的保持。

帝王三间

斗鱼

形态特征：一般成鱼体长 8 ~ 10 厘米。斗鱼体背栉鳞、背鳍和臀鳍均延长，鳍棘部长于鳍条部，腹鳍第一鳍条延长呈丝状。身体为浅褐色，具 10 条左右蓝色或绿色横带，眼至鳃盖带有 2 ~ 3 条暗色斜带，鳃盖后缘具一蓝斑。雄鱼颜色艳丽。斗鱼的主要特征是有一特别呼吸器官，称为“辅助器”，用来呼吸空气；鱼能够在水面吸一口气送入辅助器里进行气体交换。它能栖息在沼池、沟渠的污水里。

斗鱼

饲养要点：适合水温为 20 ~ 25℃，pH 值为 6.5 ~ 7.5。虽然说泰国斗鱼雄性之间容易发生争斗，但它们和大多数小型热带观赏鱼都能和平相处，是非常理想的混合饲养品种。斗鱼对饵料不挑剔，可用植物性饵料（如开水焯过的青菜、绿藻等）、动物性饵料（如丝蚯蚓、血虫、面包虫等）和人工配合饵料混合喂养。不论投喂哪种饵料，都要定时定位，经过一段时间后，就会发现在固定的时间里，斗鱼都会在固定的位置等待。

丽丽鱼

形态特征：体长 5 厘米左右，体形呈长椭圆形，侧扁，头大、眼大、翘嘴。

丽丽鱼

雄鱼体呈红、橙、蓝三色，头部橙色，嵌黑眼珠红眼圈，鳃盖上有蓝色斑；躯干部有橙蓝色条纹，背鳍、臀鳍、尾鳍上饰有红、蓝色斑点，镶红色边。雌鱼体色较暗，呈银灰色，但也点缀有彩色条纹，色彩奇妙悦目。腹鳍胸位，胸鳍已演化成两根长丝体。

饲养要点：适宜生活的水温为 21 ～ 30℃，最适生长的水温为 23 ～ 26℃，对水质和饵料都没有苛求，活饵及干饵料都可以吃，喂动物性饵料比较好。比较爱清澈的老水，因很胆小，水中应多设水草、石块供它们隐蔽栖息。性温和，高兴时，常喷水作乐。宜与温和爱静的鱼混养。

接吻鱼

接吻鱼

别名：亲嘴鱼、吻鱼、桃花鱼、吻嘴鱼、香吻鱼、接吻斗鱼等，以喜相互“接吻”而闻名。

形态特征：实际上，不仅异性鱼即使同性鱼也有“接吻”动作，故一般认为接吻鱼的“接吻”并不是友情表示，也许是一种争斗。体色淡浅红色，椭圆形。天生的水族箱“清道夫”，接吻鱼经常用嘴不停地啃食水草上和水族箱壁上的藻类和青苔，这样能使水草鲜绿，箱壁保持清洁，对清洁水族箱起了很大作用。接吻鱼在啃食箱底藻类和青苔时，常常头朝下，呈倒立状，十分有趣。

饲养要点：对水质不苛求，但最好略带硬性的水，pH 值为 7.0 ～ 7.5，水温为 18 ～ 25℃。贪吃，主要的食物是冷冻卤虫（盐水丰年虫），也喜食蚯蚓，对鲑鳟鱼卵尤其爱好。性情温和，无攻击性，能混养。能直接呼吸空气，很少因缺氧而死鱼。

曼龙

形态特征：体长 10 ～ 12 厘米，椭圆形。天蓝色或米黄色，胸鳍延长至尾部，游动时非常可爱，有蓝曼龙和黄曼龙等品种。

曼龙

饲养要点：饲养水温为 22 ～ 27℃，水质要求不严。饵料有鱼虫、丝蚯蚓等。雄鱼体色鲜艳，背鳍末端尖长，雌鱼体色浅淡。属卵生鱼类，筑泡沫卵巢孵化。性情温和，可和其他鱼混养。水中缺氧时，可直接露出水面呼吸，不会因为缺氧而死鱼。

LAE 鳉

形态特征：体表上有数不清的红色斑点，鱼鳍也分布着许多斑点。雄鱼则有棕灰色的底色，也分布着许多红棕色的斑点。

饲养要点：适宜水温为 18 ～ 22℃，性情温和。食物为红虫等活饵。

LAE 鳉

剑尾鱼

形态特征：体似纺锤形，雄鱼尾鳍下缘延伸出一针状鳍条，俗称剑尾。雌鱼无剑尾。自然界中的原始种体色呈浅蓝绿色。通过人工育种，其体色更加丰富，有红、白、蓝等色。其代表种有红剑、青剑、白剑、黑鳍红剑、黑鳍白剑、鸳鸯剑等。

剑尾鱼

饲养要点：剑尾鱼适应性强，易饲养，能在短时间内忍受5℃的低温。剑尾鱼对水质要求不严，能在弱酸性、中性或弱碱性水中正常生活、繁殖，适宜水温为20 ～ 25℃。饲养剑尾鱼的水要有充足的溶解氧，使其能在中下层水域活动。如果水中溶解氧少，它们便会浮在水面游动；严重缺氧时，有的雄鱼会跃出水面。吃各种薄片食品和活食，兼食一些藻类。

剑尾鱼食性杂、食量大，不伤害其他鱼，可以混养。剑尾鱼饲养水温不宜过高，长时间高温可使其寿命缩短。由于雄鱼体形奇特，深受人们喜爱，是水族箱中不可缺少的热带鱼品种。剑尾鱼的寿命3 ～ 5年，当发现鱼背鳍微微隆起时，即表明鱼体已进入衰老阶段。

清道夫

别名：吸盘鱼、垃圾鱼、琵琶鱼、琵琶鼠鱼。

形态特征：清道夫原产拉丁美洲，属鲶鱼科。体形大，头部扁平，背鳍高耸，尾部侧扁，口唇发达如吸盘。全身被盾鳞，体表粗糙。体灰黑色或淡褐色，体表有黑白色花纹。

清道夫

饲养要点：体格健壮，易饲养。饲养水温为22 ~ 28℃，对水质无苛求，但最好是略带硬性的水，pH 值为7.0 ~ 7.5。饵料以藻类为主，也要投喂活食。在水族箱中常吸附在石块、玻璃上稳定身体和吸食藻类，也经常帮助清理残饵，是水族箱中忠实的“清洁工”。也会吸附到病鱼病灶处吸食鱼体黏液帮助清理病鱼，在养高档观赏鱼如龙鱼时要注意，如在龙鱼有病时要捞出清道夫，避免清道夫对其造成伤害。

胡椒鼠鱼

形态特征：胡椒鼠鱼身长7 ~ 8厘米，圆筒状，背部隆起，须2对，因像老鼠而得名。体色灰暗，体表有许多黑色小斑点，发出淡蓝色光泽。在缸底部蹿来蹿去，非常活跃。

胡椒鼠鱼

饲养要点：适宜水温为20 ~ 26℃，对水质要求不严，在弱酸性、弱碱性水中都能生活。食性杂，喜食残饵，有“清缸鱼”之称。性情温和，可与其他观赏鱼混养。

水晶虾

水晶虾出现于20世纪90年代的日本，是由中国产的彩虹钻石虾经过多代提纯稳定基因，使红色隐性基因得以保持，从而产生了今天的水晶虾。

形态特征：水晶虾体长1～2厘米，红白相间，是目前观赏价值非常高的水族生物。

饲养要点：水晶虾对水质要求较严，适宜pH值为6.2～6.8，硬度应控制在1°～6°。在弱酸性软水情况下，水晶虾蜕壳频繁、生长迅速。水温不能超过30℃，以22～27℃为佳，低于15℃死亡。在缸内栽种水草作为隐蔽物是水晶虾安全成长的关键。饵料以冷冻红虫或小型灯科鱼专用饵料为主，添加菠菜、海带等无农药蔬菜。

水晶虾

6

热门观赏鱼养殖与欣赏

一、孔雀鱼养殖与欣赏

孔雀鱼，又名凤尾鱼、彩虹鱼、百万鱼，花鳉科，原产委内瑞拉、圭亚那、西印度群岛等地。孔雀鱼进入水族界有百年历史，因体色艳丽、尾鳍夸张而深受人们喜爱。又因其游动起来，美丽的花尾巴犹如孔雀开屏，故名孔雀鱼。孔雀鱼是一种吉祥鱼，因品种不同，价格有高有低，从几角到几元、几十元、百元至上千元不等，好品种孔雀鱼市场价格高，产品供不应求。

（一）形态特征

孔雀鱼属小型观赏鱼，体形修长，有着极为美丽的花尾巴。雄鱼体长 4 厘米左右，尾部长占全长的 2/3 左右；雌鱼体长 5 ~ 6 厘米，尾长占全长的 1/3 左右。雄鱼满身闪烁金属光泽，有红、橙、黄、绿、青、蓝、紫等色，基色调有淡红、淡绿、淡黄、淡紫、红、黑和孔雀蓝等；尾鳍上的花色图形，妙不可言，有 1 ~ 3 行排列整齐、大小一致的黑色圆斑点或是一个彩色大圆斑，状似孔雀尾翎上的圆斑。随着杂交选择，万千变化，如花似锦的各种孔雀鱼，有的满身银点闪烁，有的斑纹发光如蛇皮，有的尾鳍红如火炬，有的一身淡紫，有的半身红一色、黑一色，也有的分段为绿色、红色、黑色。尾鳍形状多达 13 ~ 16 种，有圆尾、三角尾、旗尾、火炬尾、琴尾、齿尾、燕尾、上剑尾、下剑尾、群尾等。雌鱼体色较雄鱼单调逊色，各鳍一般，但尾鳍呈鲜艳的蓝色、黄色、淡绿色、淡蓝色，散布着大小不等的黑斑点，由于体色和别的鳍不显著，突出了尾鳍，游动时似许多小扇在扇动。

（二）分类、欣赏

孔雀鱼分类方式有很多种，目前大家一致认同的为依形态、花样分类。其他分类还有以体色分类，以身体花样分类，以尾鳍的形状分类，以尾鳍的颜色分类。还有一种分类法将孔雀鱼分为野生孔雀鱼、国外进口孔雀鱼、国产孔雀鱼。

这里主要介绍依形态、花样分类。

1. 马赛克

此类鱼最大的特点是尾鳍与身体交接处有一“深蓝”的色块。马赛克品系的标准是尾鳍纹路鲜明，背鳍越宽大越好，并且背鳍纹路最好与尾鳍一致。种类有红马赛克、蓝马赛克、黄马赛克、蛇王马赛克、礼服马赛克等。

红马赛克

蓝马赛克

2. 草尾

此类鱼在接近透明的巨大尾鳍上，分布着细小的喷点，犹如草皮一样。背鳍上也如此，与马赛克有些相似。区别是：草尾的花纹皆呈点状且较细致。种类有红草尾、红草尾白子、（银）蓝草尾、黄草尾、蕾丝草尾等。

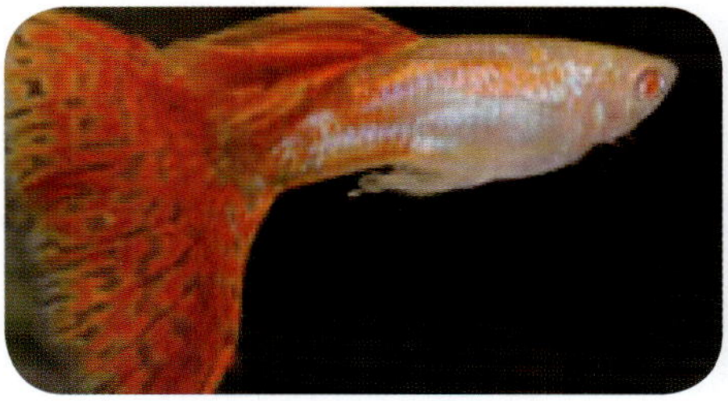

红草尾白子

红草尾

3. 礼服

此类鱼腰身呈黑色、深蓝色或天蓝色，尾鳍无杂斑。好的礼服，背鳍、尾鳍均相当宽大，身体及各鳍不会出现杂点。种类有红尾礼服、蓝尾礼服、蓝尾礼服白子、黄尾礼服、黑尾礼服等。

蓝尾礼服白子

红尾礼服

4. 蛇王

本类鱼身体的纹路从头至尾犹如“蛇皮”。体表色泽呈现蓝、绿等有金属质感的色泽，蛇王的体侧会呈现银、金或白金光泽，且在身体及各鳍会覆盖着蛇皮般的纹路，有的粗，也有的细。种类有绿蛇王、蓝蛇王、黄蛇王、红尾蛇王、蓝尾蛇王、金蕾丝蛇王、金属蛇王等。

金蕾丝蛇王

金属蛇王

5. 剑尾

剑尾类鱼最大的特征是其尾鳍如剑般伸出，且色条均匀地往边缘鳍条分布。剑尾品系的标准是剑尾末端尖锐，体色纹理呈自然表现状。种类有双剑（银河双剑、宝石双剑）、底剑、顶剑、叉尾、矛尾等。

银河双剑

宝石双剑

6. 单色

单色

本类鱼鱼体全身或腰身呈现同一颜色，如红、蓝、绿、紫、黑、黄到象牙白色都有，鱼体色泽干干净净，无杂色出现，有“雅典”“素”“静”的感觉。种类有红单色、蓝单色、黄单色、黑单色、绿单色等。

7. 金属

金属

本类鱼身体的前半段呈现出特殊的金属蓝色。有人称它为“倒礼服”。种类有蛇王金属、礼服金属、草尾金属、马赛克金属、单色金属等。

8. 白金

白金

本类鱼有金色、银色或白金色泽，到处都覆盖着的是极品。白金和金属易混淆，白金是身体背部呈白金色，金属是身体前半部泛着金属光泽。种类有草尾白金、礼服白金、剑尾白金、马赛克白金、单色白金等。

9. 豹纹

本类鱼尾鳍为黄底色，身体与尾鳍相交处有流水纹。

10. 古老品系

本类鱼纹路特殊。

古老品系

豹纹

孔雀鱼的欣赏标准

（1）身体要短，腰身要细。

（2）体高应为体长的 1/4，尾巴与身体的比例为 1:1，且越大越好。

（3）尾鳍要大，且与身体比例协调，最好呈三角形，开幅角度 90 度以上。

（4）背鳍要呈菱形且大，色泽、纹路要表现品种特征，与尾鳍相同更好。

（5）各鳍条没有残缺。

（6）色彩要鲜明清晰。

（7）花纹要表现出品种特征。

（8）游动时活泼有力。

（三）习性

（1）水质条件：孔雀鱼对环境适应能力很强，能耐受较脏水质。喜微碱性水质（pH 值为 7.2 ～ 7.4），一般 pH 值在 7 ～ 8 的水体都可养殖。保持水体有足够的溶氧，一般在 6 毫克 / 升左右。

（2）水温：适宜水温为 20 ～ 30℃，能耐受 16℃的低温，最适生长水温为 22 ～ 26℃。

（3）食性：孔雀鱼为杂食性，食性很广，浮游生物、人工饵料都能摄食。但不能因此而在饲养中喂养太差，以免影响生长和光泽。

（4）繁殖特性：卵胎生，繁殖能力很强，故有百万鱼之称。4 ～ 5 月龄性腺成熟，每个月或隔月繁殖一次。雄鱼发情时非常好看，尽全力展开阔而长的尾鳍，用五彩斑斓的色彩来吸引异性，雌鱼产仔的遗传性状受首次交配雄鱼影响。雌鱼一次产仔数量因雌鱼大小而异，少的十几尾，多的达百多尾。仔鱼容易成活，亲鱼大多有食仔习性。

（5）孔雀鱼性情：温和而活泼，喜在水的中上层游动觅食。孔雀鱼寿命很短，一般只有 2 ～ 3 年。

（四）繁殖

孔雀鱼为卵胎生鱼类，孔雀鱼的繁殖说易也易，说难也难。容易是指雌鱼直接产出的就是仔鱼，且容易成活。难是指如何掌握孔雀鱼的基因，繁殖出高品质的孔雀鱼，随心所欲地创造出一个新的品系。

1. 亲鱼选购

应选择健康亲鱼，脊椎异常或畸形的绝对不可以用作亲鱼。注重外观和亲鱼品质，要求体色艳丽、体形漂亮，亲鱼来自于系统化品系。雄鱼要身体短，尾鳍夹角大，体形匀称健壮，尾柄肥大，会来回地追雌鱼，充满生命力；雌鱼要看尾鳍的形态、颜色、模样等，雌鱼要身体长，腹部较大，雌鱼只要交配一次，其产下的仔鱼遗传性就会受到首次交配雄鱼影响。即使雄鱼品质很好，仔鱼遗传性也不易改变，因此最主要的是雌鱼要买从未交配过的。

雌雄鉴别：雄鱼体短，背鳍较大，性成熟的雄鱼具有明显的交接器；雌鱼体长，腹部膨大，性成熟的雌鱼近肛门处出现黑色斑。

2. 繁殖前准备

亲鱼培育时，雌雄比例为 1 :（1 ～ 4），雌雄同箱培育。亲鱼培育缸宜选择小型水族箱，水质为弱碱性，硬度为 8° ～ 11°，水温保持在 25℃左右。亲鱼培育期间保持水质优良、水温稳定。应投喂丝蚯蚓、红虫、丰年虫等鲜活饵料，加强亲鱼的营养，保持亲鱼体质健壮。

准备产仔箱、隔离网，防止产后亲鱼吞食仔鱼。产仔箱最好在产仔前一天放置。繁殖经验丰富的也可靠准确掌握生产时间，在亲鱼产完后及时捞出亲鱼与仔鱼分开养殖。

3. 繁殖

（1）交配方式：保持孔雀鱼优良的血统有几种方式。

A. 近亲交配法：指兄弟、父女、母子之间的交配，目的是为了保持血统。这种方式将会使色彩血统的特征迅速混合，主要用来设定一种新血统。

B. 同种异系交配法：指具有同一遗传的传统性鱼交配，即表亲交配，目的是改善表现。这种方式可保存固定的色彩血统。

C. 异种异系交配法：指选择没有亲戚关系或亲戚关系非常遥远的亲鱼交配，主要目的是为了创造衍生种。作用有两个，一是可引进一种稀奇的特征到鱼的支血统中，二是可有助于从一个既定的支血统中除掉不想要的特征。

（2）产仔：一般采用自然受精、自然生产。繁殖水温保持在 26℃左右，繁殖用水族箱应选用体积为 20 升左右。在此期间应及时排污，调节好水质；加强饲养管理，投喂时坚持少量多餐；不可喂食过多，避免水质恶化，避免病害发生。

亲鱼发情时，雄鱼不断追逐雌鱼，雄鱼的交接器插入雌鱼的泄殖孔时排出精子，进行体内受精。受精后的雌鱼腹部会愈来愈大，腹鳍附近的黑斑也越来越明显，此时最好把雄鱼捞出分箱养殖。接近产仔的雌鱼会在水族箱的角落不停地上下游动，此时应把雌鱼放入产仔用的产仔箱中待产。健康的雌鱼 21 ～ 25 天为一个繁殖循环期，初产时约 10 尾，第二次 20 ～ 30 尾，第三次 30 ～ 50 尾，也有一次能产下将近 100 尾的雌鱼。雌鱼产后应放入另一水族箱中休息恢复体质。

4. 幼鱼培育

刚产下的幼鱼体长 0.8 ～ 1 厘米，已能自由游动、开口摄食。应单独设置幼鱼水族箱进行培育，幼鱼水族箱应选用体积为 10 升左右。水族箱中应配有加热棒，也可根据需要配置充气头。

（1）幼鱼喂养：刚生下的幼鱼可投喂红虫、人工孵化的丰年虫等鲜活饵料；在鲜活饵料不足时也可投喂粉状配合饵料或蛋黄水。投喂时要少量多次，不宜投喂过饱，每次投喂间隔 4 小时以上，每天投喂 2 ～ 3 次。粉状配合饵料不宜长期投喂，且对剩余粉状饵料要及时排污。幼鱼经 20 天左右饲养可摄食较大的丝蚯蚓活饵料。

（2）养殖管理：幼鱼饲养保持水温稳定很重要，因幼鱼体质较弱，水温过低或急剧变化易产生病害引起死亡；水族箱中应配有加热棒，在水温低时加热保持水温稳定，幼鱼培育期水温应保持在 26℃左右。水族箱中还可根据需要配置充气头增氧，尽量不用充气泵，因充气泵的吸水口会吸走幼鱼，用充气泵时要用海绵包裹，避免吸走幼鱼；及时排污，保持水质清新、溶氧充足。除了注意营养均衡外，也要避免水质恶化，可以滴入几滴亚甲基蓝于养殖缸中，以达到疾病的预防效果；随着鱼的生长及时降低养殖密度，分缸养殖；每天观察幼鱼的吃食、活动情况，发现病鱼要及时捞出并立即治疗。

（3）挑选：幼鱼的挑选，一是挑出残鱼，二是分出品质；另一方面也是最重要的是分出雌雄。

A. 挑出残鱼：在养殖过程中要一边饲养一边挑选，残鱼包括：发育不良、体形不好、鱼鳞排列异常、脊柱弯曲等。

B. 雌雄挑选：幼鱼培育 20 天以后一般即可分出雌雄，雌雄挑选主要是为了预留后备亲鱼，确保与雌鱼首次交配的雄鱼的品种、品质。因此，雌雄挑选以后要分缸养殖，对于无法确定是否为雌性的应放入雄鱼养殖缸。

幼鱼经反复严格挑选与淘汰，养殖 4 ~ 5 个月达到性成熟，就能挑选为亲鱼。年轻的亲鱼交配，产出的仔鱼最优秀。

（五）饲养管理

1. 水族箱及放养密度

成鱼养殖缸体积可选择范围较大，体积 50 ~ 100 升均可。在水族箱底部铺沙，种植一些水草。缸中配置加热棒、过滤器、充氧设备等。

孔雀鱼适宜的放养密度为 50 升体积的水族箱一般放养 30 ~ 70 日龄成鱼 20 尾左右；100 升体积的水族箱一般放养 40 ~ 50 尾。

2. 水环境

孔雀鱼应饲养在有光照处，孔雀鱼受到光照可有效增强其身体鳞片上的霓虹光泽。成鱼生长水温应保持在 22℃以上，水质以弱碱性为好。

3. 饵料投喂

孔雀鱼成鱼可投喂人工配合饵料和鲜活饵料，日投喂 1 ~ 2 次，投喂要定时、定量、定质。鲜活饵料有丝蚯蚓、红虫、丰年虫、草履虫等，但鲜活饵料不易保存，来源得不到长期保障。人工配合饵料应注意适口性，其颗粒大小应适合不同规格鱼体。孔雀鱼在黑暗的环境下会停止摄食，所以在停止照明后不应再投喂。

4. 养殖管理

孔雀鱼的适应力虽然很强，但是孔雀鱼对药品和氯气的反应极为敏感。所以养殖用水必须先经过充分晾晒或曝气（曝气是指开动增氧设备，将水中的有害物质散发出来并经日光照射），以降低水中氯的残留量，否则会造成孔雀鱼突然大量死亡。孔雀鱼的成鱼饲养以同品种雌雄混养或不同品种雌雄分开饲养为宜。

孔雀鱼出生后经 20 天养殖，就可进入成鱼养殖阶段。此时进行第一次筛选，将雌雄鱼分缸养殖。以后每隔 25 ～ 30 天筛选一次，发育不好、体形颜色不对、畸形等残鱼尽早逐步淘汰。再养殖 90 ～ 100 天后，性腺发育成熟就可作为亲鱼挑选供备用。

保持水质清新，定期换水。换水间隔视水质状况而定，一般养殖 5 ～ 7 天换水 1 次即可，如果要求孔雀鱼长得好而大，换水间隔可每天 1 次或隔天 1 次。每次换水量 1/4 ～ 1/2，并及时清除残饵和排泄物。

避免环境急剧改变。换水量过大或新水加入太急易引起环境急剧改变，使孔雀鱼不适应并耗费大量体力来适应新的环境。尤其在春秋季节，早晚温差大，在不加温情况下水温很容易随气温变化，常见群鱼集中在水面一角，食欲、活动力减退，容易被惊吓，此现象是生病的信号，应多留意观察，避免此类现象发生。夏季如果天气太热，饲养孔雀鱼的场所应保持通风；否则，水温太高造成孔雀鱼新陈代谢过快，反而影响孔雀鱼的生长发育。

已经养有孔雀鱼的水族箱再放养新的孔雀鱼时，应对新鱼检疫消毒，避免带入鱼病。新鱼入缸要加盖，防止孔雀鱼因更换新环境不适应而跳出水族箱，一般需要适应 1 天时间。

灯光对孔雀鱼生长很重要，光照不仅直接影响到孔雀鱼的生长发育，也和它的色彩有着重要关系。一般的做法是每天光照 12 ～ 16 小时，在有光照的情况下，孔雀鱼食欲旺盛，且会互相抢食，孔雀鱼的色泽也会比较亮丽。

要饲养出优质的孔雀鱼，养殖环境与经验很重要。孔雀鱼的美感一半来自遗传，一半来自日常养殖管理。因此好品质再加上好的管理才能养出最优质的孔雀鱼。

（六）混养搭配

根据孔雀鱼的生活习性，和孔雀鱼搭配养殖的品种应性格温和、无攻击性，个体和孔雀鱼接近，同时为了美观，可选择中下层鱼搭配，如青苔鼠、灯鱼、鼠鱼、短鲷、小型鲶科鱼、三色鱼等。

二、红剑养殖与欣赏

红剑，又名红剑尾鱼。突出特征是雄鱼尾鳍下叶延长，似剑，剑长超过体长，体色鲜红，因此得名“红剑”。红剑是将花鳉科的剑尾鱼与月光鱼的杂交，经人工培育的一个品种。

（一）欣赏

红剑体形与剑尾鱼相似，体色和鳍条发生变异。身体纺锤形，身长可达 7 ~ 8 厘米，体态粗壮。体色鲜红，也有橙红，体侧中部的紫红色条纹已不明显。有的红剑，包括眼睛在内全身红色，红丝绒般艳丽，无论光线明暗或逆光观赏，都可见鲜红的颜色。尾鳍有单剑和双剑。背鳍有保持原状的，也有向高大变

红剑

化的，如高鳍燕尾红剑、帆鳍燕尾红剑等。有的背鳍、尾鳍长而大，柔软飘逸，游动时在身后如旗飘舞，悠然荡漾，在水草缸中感受“万绿丛中一点红”景色。

（二）习性

（1）红剑适应能力很强，易饲养，无论是弱酸性水或是弱碱性水都能生长繁殖。

（2）适宜水温为 20 ~ 26℃，最适水温为 24℃，能耐 16℃的低温。

（3）杂食性，各种饵料都摄食。吃各种薄片食品和活食，间或给予一些藻类食品，也可投喂人工饵料。

（4）虽然备“剑”，但并不好战。性格温和、善良，从不欺侮弱者或不同种者，适宜和别的热带鱼混养。

（5）喜群居生活，生命力强，不易生病，生长速度快。

（6）体格强壮，平时活泼好动，受惊后喜跳跃，弹跳力很强。

（7）红剑属卵胎生鱼类，雌性红剑有性逆转现象。繁殖力强，性成熟早。

（三）繁殖

红剑容易繁殖，适宜繁殖的水质硬度为 6° ~ 9°，pH 值为 7 ~ 7.2，无须特殊管理。

1. 繁殖前准备

（1）繁殖用缸：红剑繁殖时要选择一个较大的水族箱，缸底栽种一些柔软的水草。

（2）雌雄鉴别：雄鱼体较细长，体色鲜艳，尾鳍下方有剑，各鳍的末端均较尖，最明显的是臀鳍已转化为性交接器。雌鱼体比雄鱼肥大，体色逊于雄鱼，各鳍末端较圆钝，尾鳍下方无剑，无伸出的交接器，泄殖孔较明显。

（3）亲鱼选择：幼鱼在 3 ~ 4 月龄时性成熟，性成熟迟早与水温高低、饲养条件密切相关。6 ~ 7 月龄后可以繁殖后代，繁殖时要选 5 厘米以上的种鱼，要求体质健壮，雄鱼特征明显，雌雄比例以 1：（1 ~ 3）为宜。

2. 繁殖

（1）亲鱼培育：雌雄同缸养殖，投喂红虫、丝蚯蚓等鲜活饵料喂养，加强培育。水温应保持在 24 ～ 26℃，要求水环境优良。亲鱼发情后，雌鱼腹部逐渐膨大，雄鱼不断追逐雌鱼，雄鱼的交接器插入雌鱼的泄殖孔时排出精子，进行体内受精。当雌鱼胎斑变得大而黑、肛门突出时，可捞入另一水族箱内待产。

（2）产仔：受精卵在雌鱼体内孵化成仔鱼排出体外。受雌鱼大小、年龄和配种雄鱼的比例影响，每次可产 30 ～ 300 尾仔鱼，一般初产仔鱼 20 ～ 30 尾，以后多达 200 尾。产仔后，要立即将雌鱼捞出，以免其吃掉仔鱼。或者将用尼龙网制成的产卵小网箱浸入水中，将产仔雌鱼放在产卵网箱中，使仔鱼产出后从网眼掉入网箱外水体，雌鱼就吃不到仔鱼了。

雌鱼一般 4 ～ 6 周产仔 1 次。

繁殖时应注意，同窝留种鱼不要超过两代，以免连续近亲繁殖导致品种退化，使后代鱼体越来越小，背鳍变短变窄。最好引进同品种鱼进行有目的的远缘杂交，以防品种退化，达到改良品种的目的。红剑寿命很短，一般只有 2 ～ 3 年。

部分生过仔鱼的雌鱼会逐渐雄性化，即体形变得细长，尾鳍下方长出剑状突起物，臀鳍转化为棒状性交接器，开始追逐雌鱼，与其交配受精，繁殖后代。但仅仅是雌鱼转化为雄鱼，没有发现雄鱼转化为雌鱼。

3. 鱼苗培育

（1）仔鱼培育：刚出生的仔鱼躲在水草丛的叶片上，仔鱼出生后依赖腹下营养囊摄取营养，待其完全消化完毕后，可投喂较小的红虫、人工孵化的丰年虫等鲜活饵料。也可投喂人工配合饵料粉料，但投喂后要及时清除剩余饵料和排泄物。仔鱼培育时第一周不用换水，保持水环境稳定、优良即可。

（2）幼鱼培育：可直接摄食红虫、丝蚯蚓等鲜活饵料，应尽量投喂鲜活饵料满足其需要，以促进幼鱼生长发育，在活饵不足时也可投喂人工配合饵料粉料。

仔鱼、幼鱼培育阶段，水温不可有太大变动，水族箱中应配有加热棒，在外界温度低时加热保持水温，鱼苗培育期水温最好保持在 25℃以上并保持相对稳定。

（3）鱼苗培育：水族箱中可根据需要配置充气头增氧，尽量不用充气泵或过滤器，因过滤器或充气泵的吸水口会吸走幼鱼，用过滤器或充气泵时要用海绵包裹，避免吸走幼鱼。及时排污，保持水质清新、溶氧充足。除了注意营养均衡外，还要避免水质恶化，可以滴入几滴碘液于养殖缸中，以达到预防疾病的效果。随着鱼的生长及时降低养殖密度，分缸养殖。每天观察幼鱼的吃食、活动情况，发现病鱼要及时捞出并立即治疗。

鱼苗生长到 3 个月时，雄鱼尾鳍下缘的剑尾开始发育。

（四）养殖

由于红剑雄鱼体形奇特，深受人们喜爱，是水族箱中不可缺少的热带鱼品种。红剑适应力强，易饲养，喜群居生活。可群养或与其他鱼类混养。

1. 水族箱要求

水族箱的大小依养殖数量来定，一般选择长 80 厘米以上的水族箱。因红剑受惊后喜跳且弹跳力强，水族箱最好加盖。缸中宜配置水草，另外应配备充气、加热、过滤等设施。

2. 养殖管理

（1）水质条件：红剑适应能力很强，在弱酸性、中性或弱碱性水中都能正常生长，因此不必对水质过分要求。养殖期间保持水质清新，定期换水。换水间隔视水质状况而定，一般养殖 5 ～ 7 天换水 1 次，每次换水 1/4 ～ 1/3。

（2）水温：饲养红剑水温不宜过高，长时间高温可使其寿命缩短。养殖期间保持水温在 20℃以上即可。

（3）喂养：杂食性且食量大，常用饵料一般有：人工配合饵料；小型鲜活饵料，如红虫、丝蚯蚓等。人工配合饵料投喂时要注意其粒径的适口性。每天投喂 1 ～ 2 次。

要有充足的溶解氧，保证气泵正常工作，使其能在中下层水域活动。如果水中溶解氧少，它们便会浮到水面游动；严重缺氧时，有的雄鱼会跃出水面。

红剑的幼鱼长到 3 个月时，雌雄鱼生殖器官和雄性尾鳍下叶的剑尾开始发育，但要到 7 ~ 8 月龄时，性器官才能发育成熟。待雄鱼剑尾发育后可挑选销售。

红剑的寿命为 2 ~ 3 年，当发现鱼背鳍微微隆起时，即表明鱼体已进入衰老阶段。

（五）混养搭配

红剑性情温和，适合混养。适合搭配的品种很多，如斑马、玛丽、红绿灯、燕鱼等性情温顺的观赏鱼均可。不能和凶猛鱼类如虎皮鱼、花罗汉等混养。

三、玛丽鱼养殖与欣赏

（一）分类与欣赏

玛丽鱼，别名摩利鱼，花鳉科。原产于中美洲、墨西哥。

玛丽鱼种类繁多，各有特色。体色有红、黑、银、黄等色，玛丽鱼品种多变，分类方式有多种分法。根据体形区分，分为普通型和气球型（俗称茶壶）两类。根据尾鳍区分，分为燕尾型和圆尾型两类。根据背鳍区分，分为低翅型和帆翅型两类。根据体色区分，则有更多种类，比较常见的有：黑玛丽、珍珠玛丽、金玛丽、三色玛丽、帆鳍玛丽、花玛丽、银玛丽、球玛丽等。

1. 黑玛丽

黑玛丽又称黑花鳉、黑姑娘鱼，原产于美国德克萨斯州至委内瑞拉一带。

黑玛丽是玛丽鱼中最纤细的一种。通常体长 4 ~ 6 厘米，户外水池饲养雌鱼身长可达 12 厘米，水族箱中饲养身长一般不超过 8 厘米。身体呈亚纺锤形。尾柄长，尾鳍后缘平直，背鳍鳍条数目是 8 ~ 11。包括眼睛和鱼鳍在

黑玛丽

内，全身漆黑如墨。

经过长期人工选育和培养，黑玛丽产生了许多不同姿色的变异种。如琴尾黑玛丽，雄鱼尾鳍上下端延长并微向内倾，似一种古琴而得名。其他品种的鳍较宽大，如金边黑玛丽、背鳍高耸的高翅黑玛丽（又叫帆鳍黑玛丽）等。有的品种因繁殖难，产仔少，纯种更少而成为珍贵品种，价格昂贵。

（1）生活习性：适宜水温为 24 ～ 28℃，适宜 pH 值为 7.4 ～ 7.6、硬度为 12° 的弱碱性或微含盐的水质。黑玛丽为杂食性，喜食植物性饵料，如水草嫩叶、新鲜菜叶、藻类等，特别喜食青苔，也食动物性和人工配合饵料。因此养殖缸中应多种植水草或定期投喂植物性饵料。对水温敏感，如水温低于 21℃，易患水霉病；如水温长期偏低，易患病死亡。水族箱中养殖多居于水的中上层，也常潜入下层。

（2）繁殖特性：黑玛丽 4 ～ 6 月龄性成熟，4 ～ 6 周繁殖一次，每次产仔鱼 10 ～ 50 尾，多时有 100 多尾。5 ～ 6 月龄的黑玛丽可辨别雌雄，一般雄鱼的背鳍长而宽大，腹部窄瘦，臀鳍演变成棒状交接器；雌鱼大于雄鱼，腹部宽大，臀鳍呈圆形。

卵胎生，体内受精。亲鱼有食仔习性，刚产下的仔鱼即能游动摄食。

黑玛丽不易繁殖，珍贵的品种繁殖力较弱而难度更大。繁殖时应选择较大的繁殖缸，缸中多种水草，水温保持在 26 ～ 28℃，水中加适量食盐（约 10 升水加一小匙盐）。加强喂养，多喂鱼虫等鲜活饵料和适口性好的植物性饵料，怀卵的雌鱼尤其喜食青苔，如果没有足够的青苔摄食易造成流产或产下的仔鱼不健康。保持水质清新，换水量要小但不要经常换水，并在换水后补充食盐。保持优良的生活环境。

2. 珍珠玛丽

珍珠玛丽又名珠帆玛丽、鳍帆玛丽。原产于中美洲、墨西哥尤卡坦半岛。

珍珠玛丽

体形较大，自然界中体长可达 10 ~ 15 厘米，水族箱养殖体长可达 8 厘米。前后身几乎等宽，头吻部较小而尾柄长又宽。珍珠玛丽最大的特色是背鳍高大如帆，其高大于体高，鳍基很长，上有珍珠般的小黑点。背鳍鳍条数目是 18。珍珠玛丽眼眶虹膜闪耀着蔚蓝色的光辉；下颌、鳃盖和胸部发出金黄色或金红色光泽；腹部为有珠光的浅蓝色，胸鳍、腹鳍、臀鳍、尾鳍均无色透明；背鳍、尾鳍均有红色镶边，也有辐射状虚线，还有许多珠状小点；尾鳍宽大美丽，外缘浅弧形；鱼体全身布满深浅不一的点状花纹，体侧有 10 余条纵向虚线状条纹，由背至腹。鱼体基色以橄榄绿色较多，也有蓝灰色、金红色和白化品种。

（1）生活习性：适宜 pH 值为 7.4 ~ 7.6、硬度为 12° 以上的弱碱性硬水。适宜水温为 20 ~ 30℃，最适水温为 22 ~ 27℃。杂食性，动物性和植物性饵料、人工配合饵料都能摄食。喜光照多的环境，活泼好动，常在中上层水中游动。宜饲养于较宽大的水族箱中，缸中有多种水草，添加少量食盐或海盐。

（2）繁殖特性：6 月龄可达性成熟，雌雄较易鉴别。雄鱼色彩较雌鱼美丽多彩，背鳍比雌鱼宽大，雄鱼的臀鳍演化为性交接器，性成熟的雄鱼爱追逐雌鱼，并用力张开显示自己高大的背鳍。

卵胎生，体内受精。亲鱼有食仔习性，刚产下的仔鱼即能游动摄食。

繁殖特点：40 天左右可繁殖 1 次，每次产仔鱼 20 ~ 30 尾，多时可达上百尾。繁殖水温要求 28℃左右。

3. 三色玛丽

三色玛丽又叫三色鱼、鸳鸯鱼、落日红。原产于中美洲、墨西哥。

三色玛丽

三色玛丽小巧玲珑，身长6 ~ 8厘米，是玛丽鱼中比较华丽的一种。体色由三种颜色组成，且清晰分明。背鳍和尾鳍颜色较为固定，背鳍为黄色，尾鳍为红色。躯干颜色一般为海蓝色带少量深蓝色斑点，躯干颜色也能变为浅蓝色、浅灰色、灰色等。三色玛丽体色艳丽又天然协调，在水族箱内水草、山石和灯光的映衬下让人流连忘返。

（1）生活习性：三色玛丽喜在 pH 值为 7.0 ~ 7.6 的中性或弱碱性水中生活，水体可加少量食盐或海盐，水体硬度在 8° 以上为好，适宜水温为 18 ~ 24℃。水族箱中养殖多居于水的中上层，也常潜入下层。喜欢较强的光线，在光照充足、饲养得当时，有利于繁殖生产，养殖缸应有灯光照明。杂食性，动植物饵料、人工配合饵料均可摄食，喂养时不宜缺少红虫、丝蚯蚓、藻类等。

（2）繁殖特性：4 ~ 6 月龄达性成熟，雌雄鉴别容易，雄鱼体小，色彩艳丽，三色俱全，背鳍高大；雌鱼大于雄鱼，色泽逊于雄鱼，成熟雌鱼腹部膨大，背鳍、尾鳍无色透明。

卵胎生鱼，体内受精。亲鱼有食仔习性，刚产下的仔鱼即能游动摄食。

繁殖周期为 4 ~ 6 周，饵料充足，养殖管理得当时可每月产仔 1 次，每次产仔几十尾到上百尾。繁殖时水温保持在 24℃左右。

4. 金玛丽

金玛丽又名大扯旗摩力鱼，原产于墨西哥。

体长可达 10 厘米，体呈宽纺锤形，侧扁。体色为金黄的底色，全身布

金玛丽

满金黄色的小斑点，尾鳍呈扇形。从鱼体的鳃盖后端开始，有 10 条纵向的由金红色小点组成的条纹，一直延伸到尾柄的基部，色彩缤纷，十分美丽。

金玛丽的形状与众不同之处还有，它的背鳍异常宽大，伸展开时，其宽度可与鱼体高度接近。

（1）生活习性：喜弱碱性硬水，最适水温为 20 ~ 24℃，水温低于 18℃时易患水霉病和小瓜虫病（俗称白点病）。性情温和，适合混养。杂食性，动植物饵料、人工配合饵料均可摄食。水族箱中养殖多居于水的中上层，也常潜入下层。

（2）繁殖特性：4 ~ 6 月龄达性成熟，雄鱼个体较小，背鳍高而宽大；雌鱼个体较大，臀鳍圆形。亲鱼雌雄比为 1∶（1 ~ 2），卵胎生，体内受精。亲鱼有食仔习性，刚产下的仔鱼即能游动摄食。繁殖时水温以 26℃左右为宜，繁殖周期一般为 4 ~ 6 周，雌鱼每次可产仔鱼 20 ~ 50 尾。

5. 帆鳍玛丽

帆鳍玛丽又称高鳍玛丽、帆鳍花鳉等，原产于美国东南部至墨西哥尤卡坦半岛一带。

帆鳍玛丽

身长可达 10 厘米，前后身长近似等宽，头吻尖小，尾柄宽长。背鳍前高后窄小，鳍基长，从头后部开始到尾柄前止，背鳍鳍条数目为 12 ~ 14；尾鳍宽大，外缘浅弧形；臀鳍很小。背部浅蓝色，体侧渐浅，腹部泛灰白色，有红点；雄鱼背鳍鳍基黑色，有点状细纹，外缘镶红色边；尾鳍浅红色，也有细纹和斑点。

（1）生活习性：喜弱碱性水，适宜 pH 值为 7.2 ~ 7.6，喜稍含盐水质。对水质比较敏感，要常换新水，防止水质酸性化，在偏酸性的老水中不易存活。杂食性，动植物饵料、人工配合饵料均可摄食。水族箱中养殖多居于水的中上层，也常潜入下层。性情温和而活泼好动，适合混养。

（2）繁殖特性：4 ~ 6 月龄达性成熟，雄鱼背鳍大于雌鱼，背鳍鳍基黑色；

臀鳍演化为棒状交接器。雌鱼腹部膨大，臀鳍圆形。

卵胎生，体内受精。亲鱼有食仔习性，刚产下的仔鱼即能游动摄食。

繁殖水温25℃左右。繁殖周期一般为4～6周，雌鱼每次产仔鱼几十至百十尾。

（二）繁殖

1. 亲鱼选择与繁殖

挑选体质健壮，无病无伤，体色鲜明，花纹特征明显，色彩纯正的个体作为亲鱼。每日投喂洗净的小型鱼虫、丝蚯蚓等鲜活饵料，投喂量以10～15分钟吃完为度。

在繁殖缸底部多种一些水草，或用卵石铺于缸底，便于刚孵出的仔鱼躲藏。也可提前准备繁殖漏斗用于隔离亲鱼。

因为是卵胎生鱼类，繁殖较容易。亲鱼发情后，雄鱼不断追逐雌鱼，雄鱼的交接器插入雌鱼的泄殖孔时排出精子，进行体内受精。仔细观察雌鱼的肛门部位，当雌鱼发育到胎斑变得大而黑、肛门突出时，产卵管呈点状突起或明显下坠脱出，那么，雌鱼在2～5天定会生产仔鱼，可捞入另一水族箱内待产。雌鱼在产仔过程中，鱼体略有摆动，亲鱼一次只产1尾仔鱼，然后稍作休息，过一会儿接着再产，直到产完为止。产仔时亲鱼并不固定某处，整个产仔时间大约持续2小时。产后需将雌鱼捞出另缸培育，或者产前设置繁殖用漏斗直接将雌鱼与产下的仔鱼隔离，以免亲鱼产后吞食仔鱼。

繁殖期间需要注意，不要过量换水，水质变化剧烈，将直接导致雌鱼早产，生产出发育未成熟的仔鱼个体甚至还是未发育的卵。玛丽鱼生产仔鱼的数量视雌鱼的体形大小，一般会随着雌鱼的生长发育而增加，数量在几十尾至百尾不等，有些鱼可以一次产200尾左右。

2. 仔、幼鱼培育

刚出生的仔鱼可投喂人工孵化的丰年虫、较小的浮游动物等鲜活饵料，或喂养蛋黄碎片（但容易坏水要大量换水才行），也可投喂人工配合饵料粉末。仔鱼培育时第一周不用换水，保持水环境稳定、优良即可。养殖一段时间以后，可直接摄食红虫、丝蚯蚓等鲜活饵料，在活饵不足时也可投喂人工配合饵料粉。但投喂后要及时清除剩余饵料和排泄物，应尽量投喂鲜活饵料，满足其摄食以促进幼鱼生长发育。

水族箱中应配有加热棒，在外界温度低时加热保持水温，鱼苗培育期间，水温最好保持在 25℃以上并保持相对稳定。培育鱼苗水族箱中尽量不用过滤器或充气泵，因过滤器或充气泵的吸水口会吸走幼鱼，可根据需要配置充气头增氧，或在过滤器和气泵进水口用海绵包裹。平时要及时排污，保持水质清新、溶氧充足。随着鱼的生长及时降低养殖密度，分缸养殖。每天观察幼鱼的吃食、活动情况，发现病鱼要及时捞出并立即治疗。

（三）养殖

1. 养殖缸

养殖缸的大小依养殖数量来定，一般选择 80 厘米以上的水族箱。缸中宜栽种水草，另外配备充气、加热、过滤设施。

2. 养殖水质

养殖水质以弱碱性硬水较好，一般情况下 pH 值为 7 ~ 8 的水都可养殖。水中可加少量食盐。

3. 喂养

喂养时可投喂红虫、血虫、丝蚯蚓等鲜活饵料或人工配合饵料。玛丽鱼喜欢啄食水草、水族箱缸壁上蔓生的青苔，所以在饲养过程中，也可定期投喂水草、菜叶等植物性饵料。

4. 日常管理

（1）换水：可根据水质条件酌情换水，一般 3 ~ 5 天或 5 ~ 7 天换水 1 次，每次换水 1/4 ~ 1/3，换水后注意补充少量食盐。

（2）水温：玛丽鱼体质较强健，比较容易饲养，它们甚至可以忍受 10℃左右低温，但长时间的低温环境，很容易导致它们受霉菌感染生病，直至死亡。根据品种不同要求水温有高有低，但一般要求不低于 20℃。

（3）防病：玛丽在啄食缸壁嘴部受伤和低温时易患水霉病，可在水中滴入几滴亚甲基蓝或孔雀石绿预防和治疗。

（四）生长发育

玛丽鱼自仔鱼出生后一般养殖到 4 ~ 6 月龄性发育成熟，可挑选品质好的作为亲鱼。新生仔鱼初期生长较快，以后生长速度逐渐减慢。

雌雄鉴别比较容易，通常雄鱼个体比较瘦小，体外交配受精的生殖器官——臀鳍呈棒状，较为尖细；雌鱼体形较为粗大，臀鳍呈扇形，通常体内含有大量受精卵而显得膨胀。

四、花罗汉养殖与欣赏

花罗汉又叫花角，1997 年马来西亚首先繁育出来。是由慈鲷科的“青金虎”慈鲷鱼与金刚鹦鹉杂交而成。花罗汉自推出以后，在亚洲掀起了一股旋风似的热潮，后来又经过业内多年摸索实践培育，产生了今天多姿多彩的花罗汉。

（一）品种介绍

花罗汉因品种繁多有许多不同的分类方法，最多的分为十大品系。包括：红财神、古典品系、花角品系、珍珠品系、元宝品系、水晶品系、黄金品系、红宝石品系、花豹品系、马骝品系。经过这些年的发展，有些品系已不为市场关注，如花角品系；有些品系却因具有独特魅力成为流行、畅销品种，下面简单介绍几种当前流行品种。

1. 金华品系

本系鱼体色以单色较多；体形为长方形或椭圆形；起头率较低，以大水头居多；身上基本没有花纹和珠点，大多数鱼成年后墨斑会褪掉，尾鳍扇形，三鳍包尾。

鸿运当头

（1）鸿运当头：具有富贵吉祥之相，高高耸起的额珠瑰丽绯红，象征着“鸿运当头”。

（2）超级笑佛罗汉：体格壮硕，额珠巨大丰隆、珠圆玉润，显现出祥和而又无人能敌的霸气。

（3）金华霸王：额头高耸，又高又圆，如同戴着王冠，体呈黄色，闪耀光芒，尽显王者之风。

超级笑佛罗汉

金华霸王

火焰将军

（4）火焰将军：体格壮硕，全身通红，似火焰燃烧一般，体形威武，魅力无穷。

（5）红金华：全身呈现喜气的大红色，体形方正厚实，墨斑随鱼体长大会慢慢褪去。尾呈扇形，三鳍宽大包尾，有红眼、白眼之分。是金华品系中基因较为稳定的一个品种。

红金华

2. 珍珠品系

本系鱼体色多样，色彩绚丽；成鱼体形为三角形，前宽后窄；起头率较高；身上有明显的墨斑，花纹较多，镶有珠点；尾鳍圆形，三鳍不包尾，且有明显的珠点。

（1）一条龙：因身体有一条从眼睛连到尾部的整齐墨斑，且大部分银线包裹而得名。前半身鲜红色，全身布满银绿色亮点，三鳍包尾，头会随着年龄的增长越来越大，一条龙很少见。

（2）金猴子：全身血红底色，全身和鳃均布满亮度较高的银色亮点，长成后身体四方，嘴短地包天，水头，泳姿雍容高贵。金猴子是珍珠品系中较为漂亮的品种，是目前罗汉发烧友追捧的极品鱼种。

（3）红钻：以一身鲜艳的红色而得名，是珍珠品系中的代表品种。身体上分布有亮度不凡的亮点，后三鳍较为宽大，且分布亮点，尾鳍不下垂，墨斑连接较整齐，金线包裹。精品中不乏透明水头的个体，其中荔枝头红钻的商品名为“鸿运当头”，是红钻中的精品。

一条龙

金猴子

红钻

3. 马骝品系

本系鱼体色多样，色彩绚丽；体形长方形或椭圆形；起头率较高，多为水头；身上包满金点，两鳃布满“闪电纹”，额珠经常有金线包裹；尾鳍扇形，少数鱼三鳍包尾，镶有珠点。分为有墨斑和无墨斑两种，以无墨斑的价格较高。

金马骝

（1）金马骝：集合金华品系、珍珠品系精华于一身，拥有青出于蓝而胜于蓝的优越表现。外观和体色多样化，又分无斑和有斑两个子系。

A. 无斑金马骝：全身、鳃盖、三鳍布满像蛇纹一样的金线。底色为血红色，后半身金黄色。身体正方形，三鳍宽大，嘴短上翘。此品种鱼起头率很低，子代淘汰率高，精品较少而价格昂贵。

B. 有斑金马骝：墨斑从眼睛到尾柄连接整齐，金线包墨。全身金线分布均匀。身体底色有金色、红色两种。脸部突出，似顽皮机灵的猴子脸。

无斑金马骝

有斑金马骝

（2）红马骝：身体接近正方形，体色红色或粉红色，鲜艳动人，三鳍宽大，眼睛白色。但养殖时间长了易褪色。

红马骝

（二）鉴赏

花罗汉被视为风水鱼，有人认为养殖花罗汉会带来好运。花罗汉颜色千变万化，额头硕大圆滑，体形较大，显得很壮有气势。花罗汉是不拘于形式、不受限制任意发挥想象空间创造出好的品种，因此品种很多。

未来花罗汉的追求方向可分体形与色彩两个目标。体形要壮，有气势，额珠圆滑饱满，尾鳍、臀鳍与背鳍末端要呈包尾形。色彩是指鱼体的色形、珠点亮斑的分布与表现，目前大致可分为全色型、亮鳞型、珠点型、墨斑型。基本上墨斑要黑如墨，亮鳞要亮如星斗，红要红得艳丽，黄要黄得鲜艳，珠点要匀称清晰、分布协调，使观赏者赏心悦目。

鉴别优秀花罗汉可从额珠、体色、体形、墨斑、珠点、嘴形、眼睛、鳍条、泳姿、个性等各种特征鉴别优劣。

（1）花罗汉的突出特点是额珠高大突出，这是花罗汉是否优秀的主要鉴赏标准，也是当初取名“罗汉”的缘故。额珠与鳃盖上缘交叉处形成明显凹陷。额珠要圆润饱满，与体形均衡协调。从正面看，额珠应左右对称。分布于额珠上的黑斑大小应适当，如额珠上的墨斑能形成文字且寓意吉祥则为上品；分布于额珠上的红点、珠点、金线必须大小均衡，不能出现杂斑。如红点广泛均匀地分布于额珠上，则称之为“荔枝头”，身价会提高很多。额珠上的墨斑若能形成“福”“发”等字样，则为上品。

花罗汉（福寿财）

（2）嘴巴要短，以明显短小为佳，嘴形极像猴子的嘴巴。

（3）眼睛要小，略向内凹陷，眼圈与眼珠要红黑或黑白分明。

（4）体形扁而高、厚，身体左右平衡，背部肌肉浑厚结实。

（5）背鳍和臀鳍包住尾鳍形成一整片。鳍条无残缺、无畸形。

（6）体色艳丽，各种颜色让人眼花缭乱。花罗汉体色一般由红、黑、白、黄、蓝、绿、橘黄等颜色组成，但没有一条鱼具备上述的全部颜色，大部分由红、黑、白三种颜色组成，有红、黄、蓝、绿、黑五种颜色自然搭配而成的称为“五福临门”。通常以体色鲜艳，整体带红，对比感强，整体色调搭配和谐、匀称的为佳。

（7）墨斑要求大、多、黑，左右对称，由眼后一直延伸到尾柄部位为好。无墨斑的以清洁干净为佳。

（8）珠点在体侧的分布均匀，最好整身都有，但下腹部位较难形成。

（9）游动不慌不忙、神采奕奕，速度敏捷，身体各部位鳍条伸展正常。

（10）花罗汉会跟人玩耍，这是花罗汉独特的个性。一条与人玩习惯的花罗汉，会在人靠近时迅速游到面前，随人扬起的手舞动，将手伸入缸中，鱼还会贴着手摩来蹭去，俗指“有灵气”。

每条花罗汉都有各自的特色，就是一条“极品鱼”也不可能集所有优点于一身。可根据个人爱好在保证额头的前提下，参考体色、花纹、体形等整体判定一条花罗汉的好坏。有人挑选身上带有一排黑色花纹的花罗汉，也有人选择体色艳红的个体，更有人寻找身上一点黑色花纹都没有的，这一切选择都因人而异，完全取决于个人的审美眼光。

（三）习性

（1）花罗汉生长速度快，最重可达 2 千克，最长可达 50 ～ 60 厘米。

（2）适合中性或弱碱性水质，pH 值为 7.0～7.8，适宜水温为 25～32℃。

（3）花罗汉为偏肉食性鱼类，喜食小鱼、虾、红虫、丝蚯蚓等鲜活饵料，也可摄食人工配制的花罗汉专用饵料。食量大且很贪食。

（4）攻击性强，同缸养殖的花罗汉之间为了争领域、争食有互斗习性。喜攻击弱小鱼类。

（5）身体为侧扁形，体形丰满，额头高大突出，体高与体长比为 1 ：（1 ～ 1.5）。

（6）卵生鱼，体外受精。

（7）花罗汉是变性鱼类，鱼苗在体长 7 厘米以下时性别还未定型。

（四）繁殖

1. 亲鱼选择

挑选的亲鱼（性成熟年龄）应额头、体色、体形完美，体质健壮，体长应达到 20 厘米以上。

2. 雌雄鉴别

一般雄鱼体大、雌鱼体小；雌鱼背鳍上面有黑色小点，同时体侧的虎形条纹明显。而雄鱼背鳍上无黑色小点，体侧虎形条纹较模糊。

3. 亲鱼配对

雌雄比例为 1 ：1。花罗汉亲鱼配对时应先将雄鱼放入繁殖缸中，在繁殖缸中放置一片平坦的装修瓷砖供雌鱼在上边产卵。等雄鱼适应新环境后，再放入雌鱼。每个繁殖缸放置一对亲鱼，避免其互相打斗。

4. 繁殖

配对完成后，雌雄鱼慢慢地会互相追逐，这是雌鱼即将产卵的前兆。产卵时雌鱼一边摇晃身体，一边由生殖孔中排出一颗颗卵粒，一次产下几粒到十几粒卵，休息一下，接着继续产卵。此步骤会重复数次，直至该排的卵排完为止。雌鱼产卵时雄鱼会紧跟其后，在卵上方排出精液，让卵能够及时受精。否则，保护卵的糖衣化合物膜硬化后，精子就不能进入卵内使卵受精。这就是雌鱼走走停停的原因，主要是希望在卵产下的有效时间内，能够尽快受精，才没有一次产下全部的卵。

因品种、雌鱼规格不同，每尾花罗汉产卵数量由百粒到数千粒。在受精完成以后，立即将它们分离，避免互相咬斗。

在卵孵化期间，水族箱中水流要适当，水流不可太大，也不能让水流直冲或吸走鱼卵。为了防止孵化期间卵粒发霉，可在繁殖缸中加入几滴亚甲基蓝，预防霉菌侵入。

5. 幼鱼培育

小鱼苗刚孵化出来时带有卵黄囊，此时不需投喂，待 2 ～ 3 天卵黄囊消失后可投喂人工孵化的丰年虫或红虫。经过一段时间的培育，鱼苗长到 2 ～ 3 厘米时就可投喂枝角类的红虫、丝蚯蚓等鲜活饵料。长至 3 厘米以后生长速度较快。花罗汉是杂交鱼，基因还不稳定，繁殖出的鱼苗和亲鱼的特征不会完全一致。不见得亲鱼好繁殖出的就都是好的花罗汉，需要在养殖过程中不断地挑选，淘汰次的，保留好的，直到选出满意的优良花罗汉。等鱼苗长至 7 ～ 8 厘米就可进行第一次挑选，选出好的花罗汉继续养殖，其他的出售或淘汰。

（1）在幼鱼培育期间加强投喂。幼鱼期饵料主要为鲜活的动物性天然饵料，要保证足量投喂，保证幼鱼营养需求使幼鱼能健康成长，但每次不宜投喂过多，日投喂 3 ～ 4 次。

（2）做好养殖管理。鱼苗培育期间，水温保持在 28℃左右，防止低温引起鱼病发生；随着鱼体长大及时分缸，降低养殖密度，分缸时做到同缸规格整齐；投喂鲜活天然饵料如红虫、丝蚯蚓时，为了防止带入病菌，应对饵料消毒处理以后才能投喂；每天清除水体中的残饵、粪便等污物，保持良好水质。

（3）幼鱼期间可混合养殖，5 厘米以上花罗汉就具有攻击性，需要单养。

如果混养，养殖密度一定要大。

（五）养殖

1. 水族箱准备

养殖花罗汉的水族箱宜大不宜小，一般选择长 100 厘米、宽 40 厘米、高 50 厘米以上的水族箱。因其具有高傲、自信的个性，生活空间越宽阔，对它的生长越有利。体积大的水族箱的鱼不但会长得特别快，而且体形也比较健美。以黑色或蓝色作为水族箱背景，有助于花罗汉呈现出最佳体色。水族箱应配备过滤器材、气泵、加热棒、灯具等，滤材最好选用珊瑚沙。花罗汉有钻沙习性，因此水族箱中种植水草易被拱起来。根据实际需要，在同一水族箱中还可用玻璃板分割养殖区。

2. 放养

新购买回来的花罗汉，不拆氧气袋直接放入养殖缸中使二者水温逐步接近，10 ~ 15 分钟后再打开氧气袋，将水族箱水缓慢加入氧气袋约 1/3 的量，让鱼适应几分钟，然后将氧气袋浸入缸中让鱼自然游出氧气袋。

放养的方式有单条养殖、高密度养殖、与其他品种混养几种方式，可根据实际需要自行掌握。最常采取的为单条养殖。

3. 投喂

可投喂小鱼虾等天然动物性饵料，也可投喂花罗汉人工专用配合饵料。小鱼虾最好等花罗汉长至 15 厘米以上再喂，投喂虾时最好去掉额头的尖刺。饲养期间可经常变换饵料种类，定期投喂活饵，注意营养和健康。因花罗汉贪食，投喂不可过多，每天投喂 2 ~ 3 次为好。在混养时一定要牢记保证花罗汉不多吃但能吃饱的原则。

花罗汉饲料

4. 养殖管理

（1）水质条件：饲养花罗汉的水应为中性或弱碱性水，pH 值为 7.0 ~ 7.8。适宜水温为 25 ~ 32℃，较理想的水温是 26 ~ 28℃。花罗汉较适合静水，水流不可太大。保持水质清新，氧气充足。在水温、酸碱度保持稳定，水环境优良，鱼体健康的情况下，不需刻意讲究换水间隔，但须及时清除缸底污物，并补充少量新水。

换水时尽量不要全缸换完，每次换水量为 1/3 ～ 1/2 较好。加入新水时尽量用较小的水流，换水时加入少许食盐为好。换水后要过一段时间待花罗汉适应新环境后再投喂。

（2）合养和单养：花罗汉成鱼一般采用单养方式，单养时，花罗汉自由自在，吃食量充足，生长环境舒适，成长很快。在孤独的环境下，可培养出独特个性。

有的花罗汉体色、个性出不来时，可采取合养方式有利于培养其风采，使其成为优良品种。经过与同类之间攻击争斗，最后胜利者呈现“王者风范”，色泽鲜艳，性格活泼。而败者则表现食欲不强，色泽暗淡，没有生气。可换一个环境用同样方法经过争斗重新获得“王者风范”。

在同缸中放入数量极多的花罗汉，可破坏它们的领域空间，达到和平相处的目的。保持较大的养殖密度，充分投喂，也可养出好品质的花罗汉。

（3）照明：照明不足会影响花罗汉的体色，如果没有光线和照明保障，花罗汉的体色会渐渐减退。建议每天照明时间保持在 10 小时以上。

（4）防病：花罗汉比较健壮，在水质良好的情况下，很少患病。应注意保持养殖环境稳定，水温、酸碱度不要过低或过高，在季节变化、换水时尤要注意不使环境突变。

花罗汉因运输、打斗、碰撞等易引起外伤，不注意防治会引起体表溃烂、烂鳍、烂嘴等，可以在鱼体受伤处直接涂抹碘伏，再把鱼放入治疗用缸进行恢复，长好后捞出。

决定花罗汉是否优良的因素：一是亲鱼，二是饲养环境，三是管理、训练。因此后天的培养很重要，如：给予宽阔的活动空间，使其感觉自身霸占的地盘较大有优越感；用照镜子的方法激发它的斗志，使其体内激素水平增加等都可培养出花罗汉的优秀品质。

（六）混养搭配

花罗汉一般情况下适合单养。混养搭配原则：水族箱要大，不可混养小型鱼，搭配品种的体形大小要与花罗汉基本一样或者大于花罗汉，可适量多搭配几条，减少被攻击的概率。

花罗汉的变化是无穷的，只要有耐心、有创意，便可培育改良出任意的新品种，创造出花罗汉的美丽新世界。

五、长尾彩鲫养殖与欣赏

长尾彩鲫属草种金鱼中的一种，长尾彩鲫是一种俗称，是长尾红草和长尾蓝草的统称。因其生命力强、体色艳丽、尾长而飘逸，易于饲养、价格便宜，深受人们喜爱，也是初养者最适宜的品种之一。

（一）欣赏

长尾彩鲫是鲫鱼的一个变异品种，体呈纺锤形，粗壮，背部较宽，尾长可达体长 1/2 以上。尾鳍为单尾分叉，尾鳍条显得又长又薄，游动时舒展柔软。体色有全红、红白相间和五花等，全红体色显得红而艳丽，鲜艳夺目，非常喜气；红白相间体色自然形成各种红白配合，加之体粗壮，极像锦鲤中的红白品种，这两种体色的长尾彩鲫称为长尾红草。体色五彩斑斓为长尾蓝草，由黑色、红色、蓝色、白色等颜色相互搭配形成，没有固定花形。长尾彩鲫可以让您真正体会旺盛的生命力，感受到安逸和谐。

长尾彩鲫

（二）习性

翩翩起舞

（1）适应能力极强，病害少，生长速度快，易于养殖。

（2）属温水鱼类，适温范围广，不受低温限制，适温范围为 0.5 ~ 39℃，最适水温为 22 ~ 28℃。水温低于 5℃或高于 35℃时，停止摄食生长。

（3）性情温顺，活泼好动，喜群居生活，不争食打斗，适合各种养殖容器养殖。

（4）杂食性，不挑食，不用刻意投喂鲜活动物饵料照样生长很好，一般投喂人工配合饵料。

（5）较脏的水环境也能生存，可以忍受 1 毫克 / 升的低氧水体，pH 值为 5.5 ~ 9.5 都能生存，适宜 pH 值为 7.0 ~ 8.5 的中性、弱碱性水质。

（6）属卵生鱼，1 年可达性成熟，易于繁殖，体外受精，产黏性卵。

（三）繁殖

长尾彩鲫的繁殖较为简单，可以采取自然繁殖或人工繁殖，性成熟的亲鱼在自然状态下可自行产卵繁殖。

1. 产前准备

（1）亲鱼挑选：选择体质健壮，体色鲜明，体粗、尾长的性成熟鱼作为亲鱼，雌雄比为 1 : 1 或 1 : 2。

（2）繁殖用缸：在水族箱中应种植水草或放置棕片作为卵巢，使卵粒黏附而不沉入水底。棕片放入前需经严格消毒。

2. 繁殖产卵

繁殖用水以中性、偏碱性为好，pH 值保持在 8 左右，水温控制在 20 ~ 25℃。繁殖用水要求清洁卫生，溶氧较高。

（1）自然繁殖：让亲鱼自然成熟，亲鱼发情时，雄鱼不断追逐、用头碰撞雌鱼，还用“追星”摩擦刺激雌鱼，使雌鱼受到刺激产卵。产卵时，雌鱼摆动尾部将卵粒排出体外，雄鱼随之排出精液，受精后的卵落在卵巢上开始孵化。

（2）人工繁殖：为使雌雄鱼成熟同步且保证较高的受精率从而繁殖出规格相对统一的仔鱼采取人工方法，可弥补自然繁殖的不足。一般采取注射激素催情，人工授精。注射激素可采用绒毛膜促性腺激素（HCG）或其他，注射剂量为每 100 克鱼体重 200 国际单位，雄鱼注射剂量减半。人工授精有干法和湿法两种。

①干法人工授精：将普通脸盆擦干，然后将捕起的亲鱼身上的水擦干，将鱼卵挤入盆中，并马上挤入雄鱼精液，用羽毛搅动，1 ~ 2 分钟，使精卵混匀，加入半盆清水继续搅动，使其充分受精，待卵膜吸水膨胀后移入孵化器中孵化。

②湿法人工授精：脸盆内装少量清水，由两人同时分别将卵和精液挤入盆内，并由另一人用羽毛轻轻搅动或摇动，使精卵充分混匀，其他同干法人工授精。

雌鱼怀卵量可达数千甚至上万粒，每条成熟的雌鱼 1 年可排卵 2 ~ 3 次，体质好的也有 1 年产卵 6 ~ 7 次的。但第一批产出的卵出苗最优良，所以一般每年只在春季搞一次繁殖。

3. 孵化管理

孵化期长短受水温影响，孵化温度在 18 ~ 27℃，温度越高孵化速度越快，孵化出的仔鱼体质越好。孵化最适水温为 23℃左右，水温为 20 ~ 25℃时孵化只需 2 ~ 3 天；孵化水温高于 30℃或低于 8℃及水温变化剧烈时易引起胚胎发育紊乱，出现畸形鱼。

孵化期间，胚胎发育受水温、水质、水中溶解氧、光照影响较大。水质应保持 pH 值为 8 左右，适当换水保持水质清洁卫生，并保持溶氧充足、水位稳定。孵化期要及时清除孵化缸内的卵膜，防止仔鱼死亡。

（四）幼鱼培育

1. 喂养

刚孵出的鱼苗非常细小，还不能游动摄食，依靠卵黄囊中的营养物质维持生命，经过 5 天以后逐渐有活动能力，将鱼苗附着的水草或棕片卵巢移出，可以喂一些蛋黄水或者浮游生物丰富的洄水（“洄水”是观赏鱼业内行话，指含大量草履虫的水体）。再经 15 天左右的培育，鱼苗长至 1 厘米左右，可投喂红虫等小型枝角类鲜活饵料（生产单位投喂豆浆肥水，使水体有充足的浮游动物供鱼苗摄食）。投喂量要足，保障鱼苗营养供应和正常摄食生长。鱼苗培育 30 天左右体长可达 2 ～ 3 厘米，可投喂人工配合饵料。此时鱼体各器官已基本显现，可进行第一次挑选，淘汰残鱼。

2. 养殖管理

鱼苗培育阶段应保持水中溶氧充足，水温稳定，水质清新。鱼苗孵出的 5 ～ 7 天最好不要换水，以后可根据水质状况及时换掉老水，加入新水，换水量不宜过大，每次换掉 1/4 ～ 1/3，加入的新水要经过晾晒，温差不超过 0.5℃。养殖鱼苗水温保持在 25℃左右。养殖用水不宜过于清澈，最好使用浮游生物较多的“肥水”。随着鱼体增大要及时分稀鱼苗，降低养殖密度，保持合适的生长空间。

3. 生长与变色

体色随着鱼苗不断长大会逐渐显现并保持稳定。刚孵出的鱼苗身体透明，长到 30 天左右，白、青等色素点出现，一般 2 ～ 3 个月后开始变色。变色与水温、水质、光照、饵料和遗传密切相关。光照直接影响到鱼苗的变色程度，室外池养殖一般变色较好，水族箱养殖因灯光较弱变色不如室外池理想，变色和水温高低成正比。

4. 挑选

长尾彩鲫的挑选要比其他鱼的挑选简单得多，挑选的次数也少，挑选工作强度不大，主要是挑出体色为单一白色（俗称白板）和身体畸形的鱼。一般在 2 个月后进行第一次挑选，以后根据生长发育情况和生产需要安排挑选。销售前为最后一次挑选。

（五）日常管理

室外、室内均适合养殖，室外养殖常见于单位的庭院式水景中，室内养殖一般养在水族箱中或宾馆、写字楼大堂的人造水景中，水族箱中宜种植水草造景，配备照明灯、过滤器、充气泵。无论是室外还是室内人造水景养鱼，其管理相对较简单，但长尾彩鲫照样能健康生长，可见，长尾彩鲫养殖有多么容易。

1. 养殖用水

饲养用水可选择井水、河水、湖水、自来水，使用井水、自来水时要提前经过晾晒处理。pH 值为 6.5 ~ 8.5 的弱酸性、中性、弱碱性水均可养殖，水中溶解氧保持 3 毫克 / 升以上为好。室外养殖水温不宜超过 30℃，室内养殖水温保持在 16℃以上即能生长，但 20℃以上生长得最好。

2. 投喂

一般喂食人工配合浮水性饵料，如果有条件也可投喂鲜活饵料。每次投喂宜少不宜多。投喂应定质、定量、定时。

3. 换水

换水的目的是为了使水质保持良好，因长尾彩鲫适应能力很强，只要水质良好换水不必过于频繁，7 ~ 10 天换水一次即可。但如果水质突然变白混浊，要及时换水用药。

4. 挑选

挑选时注意动作要轻，避免碰伤鱼体。

温馨提示

- 购买时要选择无病无伤、游动速度快的鱼，规格大小要一致。
- 放养尾数要根据养殖容器的大小、鱼只规格不同掌握，以密度适中为佳。
- 水族箱养殖时要放养几条清道夫或青苔鼠，防止藻类滋生。
- 放养前连同氧气袋在水面放置 10 分钟左右，避免温差过大。
- 要用 5% 食盐水消毒 3 ~ 5 分钟，用捞网将其轻放到水族箱中。
- 可采取每天 1 次，2 天 1 次或每周 1 次的投喂方法。

六、虎皮鱼养殖与欣赏

虎皮鱼，又名四间鱼、黑四间鱼、品品鱼、红翩翩鱼。鲤科鱼类。原产于东南亚的马来西亚，印度尼西亚苏门答腊岛、加里曼丹岛等内陆水域。虎皮鱼体色艳丽，线条分明，惹人喜爱。

（一）欣赏

1. 形态特征

虎皮鱼

虎皮鱼体大，似菱形，侧扁，长5～6厘米。背鳍高，位于背上中部；尾柄短，尾鳍深叉形。虎皮鱼色彩鲜艳，线条分明，体色基调浅黄，布有红色斑纹和小点。背部为金黄色，腹部为白色；背鳍、腹鳍以及呈叉形的尾鳍和嘴部都是鲜红色的；鱼体两侧通过眼部、腹鳍前、背鳍前部和尾鳍前部分别有4条垂直的黑色条纹，斑斓似虎皮，因此而得名。由于它的背鳍下部也有1条黑色斜纹，所以有人又称其为五间鱼。

2. 虎皮鱼的变异种

虎皮鱼有绿虎皮鱼、金虎皮鱼、红虎皮鱼、玻璃虎皮鱼等种类。绿虎皮鱼的体形、鳍形均未变，但体色改变成不规则的绿色大斑块和条纹，非常美丽，绿虎皮鱼要求高溶氧水体。金虎皮鱼体金红色，眼红色。

金虎皮鱼

绿虎皮鱼

3. 生活习性

虎皮鱼是喜高温、高氧的热带观赏鱼，适宜水温为 20 ~ 28℃，最适生长水温为 24 ~ 26℃，水温低于 18℃时容易患病，低于 15℃就会死亡。对水温变化十分敏感，过于剧烈变化的水温环境很容易使它们得病。要求含氧量高的清澈偏碱性水质，不喜欢阳光直射。

杂食性，但爱吃鱼虫、丝蚯蚓等活饵料，人工配合饵料也可摄食，较贪食。

虎皮鱼习惯在中层水域游动，是一种很活泼的鲤科鱼类；游动敏捷，喜欢集群游动，群体之间经常会发生互相殴斗和追逐厮咬的情况，但似乎是在玩耍，不会产生很大的损伤。

虎皮鱼成鱼会袭击其他鱼，尤喜欢袭击游动缓慢而鱼鳍修长的其他鱼类，爱咬丝状体鳍条，如神仙鱼美丽的鳍边往往会被虎皮鱼咬得七零八落、破损不堪。

虎皮鱼属于卵生鱼类，虎皮鱼经过 6 个月左右时间可进入成熟繁殖期，体外受精，产黏性卵，有食卵习性。

4. 养殖搭配

虎皮鱼宜同种群养，因此在饲养时，最好多养一些。不宜与行动缓慢和有丝状体鳍条的鱼（如神仙鱼）混合饲养，其他大多数行动快捷的小型鱼类都适合与虎皮鱼一起生活、共存。

虎皮鱼

（二）繁殖

虎皮鱼的繁殖比较容易，但又因虎皮鱼产卵时，边产边吃而不易成功。

1. 雌雄鉴别

留作种鱼的虎皮鱼要长到3厘米后才能有明显的雌雄区别。雄鱼比雌鱼瘦长，雄鱼的尾鳍、臀鳍鲜红艳丽，尤其是臀鳍的颜色非常明显比雌鱼红得多。雌鱼鱼体宽，色彩较浅，腹部比较丰满，体形略大于雄鱼。

到繁殖期，雌鱼的腹部开始膨大，而此时的雄鱼全身颜色更加艳丽，红的更红，横在体表的4条黑杠颜色明显加深。雌雄还有一个非常明显的区别，就是雄鱼嘴的上部呈黑里透红的颜色，而雌鱼则是淡黄色。

2. 繁殖前准备和要求

选择4厘米以上的作为亲鱼。雄鱼身披鲜艳的婚姻色，腹鳍、背鳍、臀鳍上的红色素更红；雌鱼体态丰满，腹部膨大。

繁殖适宜水温为25℃左右，水质硬度为5°～7°，适宜pH值为7.0左右的中性水。产卵缸用水必须是用药杀菌且晾置3～5天的新水。

孵化用晾水缸大小为80厘米×35厘米×40厘米，加水后放药杀菌。常用药物：庆大霉素放10支；青霉素放1支；孔雀石绿放小米粒大小的颗粒；呋喃西林（纯粉）放黄豆粒大小一团；土霉素放10片，任选一种就可以。晾置两天后再过滤一天就可以分别加入产卵缸（规格20厘米×20厘米×15厘米），可以同时为十个这样的缸子提供用水。

繁殖缸里最好放入一些底石或丝状水草作为鱼窝，以躲避种鱼的吞食。除此以外还有很多可以代替的东西，如胶丝、棕片等，总之是丝状就行。以上供鱼卵的附着和保护用鱼窝放入前必须经过消毒。

3. 繁殖产卵

选取有待产特征的雌鱼和健康的雄鱼，按雌雄比例1：1或1：2的比例放入繁殖缸。在安静的环境下，雌雄鱼很快会进入“发情”状态并繁殖产卵。受精鱼卵呈白色透明状，带黏性，会黏附在水草上。受精卵经过36小时左右开始孵出仔鱼。仔鱼在孵出后的36小时内不太会游动，头朝上吸附在缸壁和水草上，完全靠吸收自身的卵黄素生活，而后才会摄食极细小的浮游生物。再经过7～10天，就可直接喂食小型的鱼虫了。

虎皮鱼繁殖成功的关键是要控制好产卵的时间。发现雌鱼腹部膨大（不是胀肚症状）就是卵粒成熟的时候了。此时要挑选经常追咬其他鱼的雌鱼，这说明这条雌鱼已经要临产了，然后再挑选一条颜色非常艳丽的雄鱼一同放入产卵缸内。放入产卵缸后雄鱼的颜色会变得更加艳丽，不断地追逐雌鱼，在雄鱼数次的追逐摩擦刺激后，雌鱼达到产卵条件。此时雌雄两条鱼体紧紧贴在一起不停地颤抖摩擦，两条鱼用力挤并向上翻腾产卵，每次时间持续3～5秒，此时仔细观察会发现有很多像小气泡的球体在往下降落！这就是虎皮鱼的卵粒，雄鱼同时排出精液，由于雄鱼的精液排出体外是透明的水状，所以用肉眼无法看到。雌鱼每次翻腾后排出 20 ～ 30 个卵粒，需要 2 小时左右才能结束产卵过程。

虎皮鱼 1 年可繁殖多次，雌鱼一次可产卵 200 ～ 500 粒。产卵的多少因雌鱼的大小、营养、鱼的新老程度而不同。

4. 繁殖注意事项

种鱼放入后不要喂食，防止水质污染引起卵粒感染坏死。

尝试几窝后还看不到小鱼的出现，有可能是水质 pH 值高或硬度较大，可烧壶开水以 50% 的比例对入，降低硬度和酸碱度，促进种鱼尽快发情。

因虎皮鱼特有的习性就是爱吃卵粒，而且非常赖皮，刚一扭身体甩出卵粒，掉头就吃，任您用什么东西去干扰它，也不予理睬。产卵时应采用时间控制办法，就是从种鱼放入开始算，8 小时看不到晶莹透亮的卵粒时，就要把这一对种鱼捞回养殖缸，再重新选择另外一对种鱼。但也要按上述的来做，不管看到或没看到卵粒到 8 小时都要把种鱼捞出，因为雌鱼边甩边吃，腹部不会明显变小。若能看到腹部明显小，说明产卵成功。

5. 孵化

水温 26℃时受精卵经 40 小时后孵出仔鱼，水温 28℃时受精卵需 36 小时孵出仔鱼，水温 30℃时受精卵需 30 小时孵出仔鱼。一般把温度控制在 28℃为好，36 小时孵出后的小鱼趴在底部不动，所以不仔细看很难看到仔鱼。这时千万不要急于清理孵化缸，否则的话就要前功尽弃了！孵出 24 小时后仔鱼开始上升并贴伏到缸子的立面 1 厘米左右的部位。此时清晰可见刚孵出的仔鱼犹如 2 毫米左右透明的针尖粘在玻璃上，多的时候所有的小鱼苗几乎是整齐地横排在玻璃的立面底部。然后每天都从缸的立面贴伏上升直至孵出后第四天，小鱼苗升到水面后，才能开始平衡地自由自在地游动。

6. 仔、幼鱼喂养

仔鱼孵出后 2 ~ 5 天卵黄囊消失，开始平游，此时可喂食人工孵化的丰年虫或红虫。也可用少许蛋黄调水后投饲，但必须注意一次不可太多，蛋黄极易污染水质，导致水质腐败。最好是先喂食天然洄水，其次是红虫，如果没有各种密度的网子将红虫大小分开，就直接把清理干净的红虫投入缸内，这样小鱼苗也可以吃到小的红虫。而且大虫还可以繁殖小虫来继续为小鱼苗提供可口的饵料。没有上述的两种饵料就要提前准备孵化丰年虫卵投喂。

幼鱼投喂以红虫、丝蚯蚓等鲜活动物性饵料最好，清如果鲜活饵料不足可适当投喂人工配合饵料粉状料。投喂后要及时清除剩余饵料和排泄物，以免污染水质。

7. 仔、幼鱼培育管理

鱼苗培育期间，水温应保持在 25℃以上并保持水温稳定，鱼苗培育缸中可添加气头保持足够的溶氧。等到小鱼苗吃到饵料开始逐渐长大时，每天要仔细为小鱼换 1/5 晾好的新水。以后也要保持每天换水 1 次，保持水质清新，增加小鱼的食欲。

小鱼长到 0.7 ~ 0.8 厘米（和孔雀鱼刚出生时大小接近）后，就可以连鱼带水一起倒入准备好的养殖缸内饲养了。

（三）养殖

虎皮鱼天性好动，应选择较大的养殖缸保证其有充足的活动空间。缸中适宜种植水草造景，并配备过滤、充氧、加温等设备。

养殖管理参照其生活习性和苗种管理，简单易养，也是初养鱼者选择的最佳品种之一。

（四）搭配混养

虎皮鱼适合群养，也可搭配养殖，但不能与鳍大、鳍色艳丽的观赏鱼，如不能与七彩神仙鱼、孔雀鱼等混养混养。

七、血红鹦鹉养殖与欣赏

血红鹦鹉，又叫血鹦鹉。是 1983 年一个台湾人无意中用红魔鬼和紫红火口杂交而来的新品种，遗传了这两种鱼类所特有的生理习性。血红鹦鹉一身火红，一群血红鹦鹉聚在一起既美丽又喜气，憨态可掬，非常受人欢迎。

血红鹦鹉

（一）品种欣赏

（1）种类：除正常体形以外，在人为刻意的“雕琢”之下，有在幼鱼时期剪去尾部成为“一颗心”的无尾血红鹦鹉，有剪去部分背鳍的“独角兽”血红鹦鹉，有注射色素的“紫鹦鹉”，还有红元宝鹦鹉、金刚鹦鹉等。

红白鹦鹉

红元宝

红财神

一颗心

独角兽

黄鹦鹉

（2）颜色：血红鹦鹉体色应为大红色，通体红艳，没有黑斑、黑纹等杂色。

（3）体形：应符合生物学外形特性，血红鹦鹉体形短粗滚圆，体长、体高比约 1∶1 为标准身材。身短、嘴短、背高、腹圆，体幅宽厚。背鳍大于尾鳍，后端尖形，长及尾鳍。尾柄短，尾鳍截形。

（4）嘴呈尖尖的三角形，无法愈合，嘴尖如钩，圆圆的眼睛，头部隆起。有张鹦鹉似的嘴脸。

（5）似鹦鹉一般，给人一种憨态可掬的感觉。特征越明显，档次就越高。

（二）习性

（1）对水质要求不苛刻，喜清澈水质，溶氧量要充沛；喜弱酸性软水，适宜 pH 值为 6.4 ~ 7.5。

（2）适温范围较广，水温低于 16℃开始死亡，能耐受较高水温，适宜水温为 25 ~ 30℃。以保持水温在 28℃左右较为理想。

（3）杂食性，喜食动物性活饵料，如红虫、丝蚯蚓、小虾等，人工养殖可投喂血红鹦鹉专用配合饵料。

（4）体色易受遗传、温度、水质、光照、惊吓、饵料等多种因素影响。

（5）血红鹦鹉是由两个种类的鱼杂交而来，没有生殖能力。

（6）属中大型鱼，成鱼体长一般 8 ~ 12 厘米，性情温和，活动于中下层水域。

（三）饲养

血红鹦鹉在热带鱼中属于比较容易养殖的鱼，但养殖中容易因生理反应褪色或长黑斑，要养好又有一定的难度。众所周知的“血红鹦鹉”是由红魔鬼和紫红火口杂交所获得的新品种，承袭了两种鱼类所特有的生理习性。在饲养管理方面除了和饲养一般的中南美洲慈鲷科鱼类应该注意的事项相同之外，还有一些特点。鹦鹉的颜色不稳定和它们的遗传有关，因为是杂交，容易出现返祖现象。鹦鹉嘴、身上黑色、全身颜色变浅，都与其上一代亲鱼的颜色分不开，但可以通过调整水质、光线、温度等得到改善。例如，为增加血红鹦鹉的颜色，可在人工配合饵料中通过添加虾红素以增加艳丽色彩。

血红鹦鹉养殖缸可大可小，根据实际情况和需要而定。缸中应配置加热棒、充气泵、过滤器，保障水温、水质、溶氧。

血红鹦鹉因通体的大红颜色，备受人们青睐，单养一缸血红鹦鹉，满眼红色，充满喜气；与其他鱼混养，点点红色穿插其中分外抢眼。养殖方式可根据自身爱好设定单养或混养。

1. 幼鱼培育

（1）驯化投喂：采用血红鹦鹉专用漂浮配合饵料驯化。吃惯了活饵的血红鹦鹉幼鱼，刚开始不习惯吃人工配合饵料，可以采取循序渐进的办法进行驯化。每次投喂前先投喂人工饵料，刚开始量要少，逐步让其适应；然后慢慢加大配合饵料的量，最后调整到全喂配合饵料。如果投喂配合饵料过多，剩余的饵料要及时捞出，以免影响水质。

（2）体色培育：在小血红鹦鹉鱼苗出生后，没有任何血红鹦鹉的特色，反而有点像一般中南美洲的慈鲷鱼类。经过约 20 天的养育，小血红鹦鹉的外形会慢慢转变，头、背部肌肉渐渐地隆起，厚度也开始增加，条纹由黑色慢慢变成银灰色。此时血红鹦鹉体内的红色色素已经开始有累积增生的趋势，但是此时约 3 厘米的小血红鹦鹉体色不是红的，大约在出生后 50 天、约 5 厘米长时，才会显现出红色的体色。此时是决定血红鹦鹉以后体色的关键期。应以血红鹦鹉专用增红饵料喂食，不但能充分满足小血红鹦鹉营养所需，还可以加速血红鹦鹉及早转成火红的红色。这段时间，血红鹦鹉若因营养缺失体色没有变红，以后就不大可能有好的体色。

（3）体形培育：血红鹦鹉浑身圆滚滚的可爱造型并不是因为它吃了很多

饵料造成的，想要培养浑圆饱满的血红鹦鹉应该从三大方面着手：一是在小鱼苗阶段提供充足的食物供其发育；二是要保证在生产过程中有适宜的水温、清新的水质、充足的溶氧，始终保持其旺盛的摄食状态；三是饵料的选择应取蛋白质含量大于 32% 的高蛋白饵料保证其生长所需营养。

2. 血红鹦鹉的喂养

（1）饵料选择：可选择喂食红虫、丝蚯蚓、虾等鲜活饵料，也可选用人工配合专用饵料，一般选用人工配合增红饵料，因血红鹦鹉专用饵料中添加有虾红素和 β－胡萝卜素，这两种原料有增加体色作用，可让血红鹦鹉体色维持艳红，并使体色愈来愈红。

（2）投喂活饵时不要投喂小鱼，有时投喂小鱼反而会使鱼的体色变淡。活饵可选择红虫、丝蚯蚓、虾等。但投喂前最好对活饵消毒处理，以免带进病菌。

（3）投喂：血红鹦鹉比较贪食，每次投喂不可过饱，每天投喂 1 ～ 2 次，每次投喂量掌握 5 分钟内吃完为好。

3. 养殖管理

（1）水温：水温的控制是养好血红鹦鹉比较关键的因素。对水温的要求相对不太高，但它对水温的变化尤其是低温相当敏感。在低水温或水温变化剧烈时，容易褪去鲜红体色，严重的还会出现大片黑斑或黑纹。若长期养殖水温较低，还容易引起血红鹦鹉体色变黑、生病、死亡。因此，养殖中水温应始终保持在 25℃以上，28℃最为合适。水温提高以后加上投喂增红饵料，养殖一段时间体色可恢复如初。

（2）水质和换水：鳃部的脆弱是此鱼先天的缺陷，水质恶劣首先会使鳃部受伤，并直接威胁血红鹦鹉的生命。因此，血红鹦鹉比其他的鱼更需要优良的水质和充足的氧气。尤其是水质不能太老，所以定期、定量换水也是养好血红鹦鹉的关键。换水的间隔视水质情况而定，以水不老化为标准，可 3 ～ 5 天或 5 ～ 7 天换水 1 次，每次换掉 1/4 ～ 1/3 。除此以外，投喂增红人工配合饵料后，要及时排污，或定期清洗过滤器材，保持好的水质。换水前先擦缸；把水过滤几小时，等水清亮了再换水。同时，要准备高效率的过滤系统，使水充分循环，避免细菌大量滋生引起鳃部疾病。血红鹦鹉比较喜欢新水，换新水后血红鹦鹉很活跃，颜色也比较鲜亮。

（3）光线光色：血红鹦鹉对光线较敏感，不能长期处于日照或充足的白光下；否则，红色会不够鲜艳，甚至褪色。需要定时、定量给予强光照射。如果自然光线足够，没有灯光，会使鹦鹉颜色逐渐变淡。因此，每天要保证足够的灯光照射，而不仅仅只依靠自然光。每天保持 2 ～ 3 小时的强光照射，之后，一直使水族箱环境比较昏暗。为了充分显现水族箱中血红鹦鹉的红色，灯光的颜色可采用发红光的植物灯管。

（4）环境：水族箱背景最好用深黑色；否则，鱼身上的鲜红色会因保护色关系而变淡，甚至褪色。血红鹦鹉天生胆小，易受惊吓。刚买回的血红鹦鹉过几天会有一些褪色，是对新环境不适应，随着对新环境的逐步适应会慢慢变好。养殖血红鹦鹉时应保持稳定安静的环境，不要使血红鹦鹉受到惊吓。比如新买的血红鹦鹉在投喂时最好人先在缸边站一会儿，待鱼儿稳定后再投喂，避免血红鹦鹉受惊不敢吃食。

（5）供氧：因为血红鹦鹉先天有嘴部无法愈合的情况，在引入水流经过鳃部以供呼吸所需的能力上就少了一半，因此血红鹦鹉在呼吸方面就比其他鱼种更显艰难。一旦鳃部受伤或是水中溶氧不足，血红鹦鹉会第一个感受到，会直接影响血红鹦鹉的生理健康。虽然氧气的不足，血红鹦鹉不会马上全部死亡，但是它对环境的耐受力与病毒的抵抗力都会急速降低而引发病害。因此，饲养血红鹦鹉时需要较其他的鱼类维持更优良的水质和提供充足的氧气，应选用效率较高的气泵保障足够的氧气。

（四）混养搭配

血红鹦鹉性情温和，可以和很多种鱼搭配混养，如龙鱼、地图鱼、火口、金菠萝、黑云、红珍珠关刀、战船等；不能和孔雀鱼、红绿灯等小型鱼混养。血红鹦鹉属中大型鱼，对小型鱼有一定攻击性。特别是金刚鹦鹉，主要遗传了父本红魔鬼的特性；在搭配过程中要放养同规格的大型鱼，密度要大一些才行。

八、珍珠马甲鱼养殖与欣赏

珍珠马甲鱼的学名为珍珠毛足鲈，又叫马山克鱼、马三甲鱼、彩石线鳍鱼等。属鲈形目，攀鲈亚目，攀鲈科，毛足鲈属。来源于热带鱼三大发源地之一的东南亚，以泰国、马来西亚、印度尼西亚的苏门答腊岛和加里曼丹岛为最多。珍珠马甲鱼是一种常见的淡水热带观赏鱼。它全身银灰色，体腹乃至各鳍边都镶嵌了珍珠状的灰色圆斑，缓缓游动时，全身闪烁着五光十色的珠光宝气，显得格外雍容华贵，柔和迷人，因而被赞为珍珠鱼。它的色彩美丽（尤其是繁殖季节的雄鱼），容易饲养，所以广受水族爱好者的欢迎。

（一）欣赏

珍珠马甲鱼

珍珠马甲鱼属中大型观赏鱼。全身为银灰、红的底色，上深下浅。胸前至吻端金黄色，具金属光泽，至腹鳍橘红色。背鳍小，而臀鳍异常发达，仿佛穿着拽地长裙。全身布满银色珠点，风度翩翩。加之两条长长的触须，特别让人喜爱。

珍珠马甲鱼体呈椭圆形，侧扁，成鱼体长10～15厘米，水族箱养殖一般体长7～8厘米。头大，微尖。口亚上位，眼大。背鳍高而短，胸鳍圆扇形。从吻端下部及胸部一直到尾柄的基部，沿着身体两侧的侧线，各有一条由黑色圆斑组成的纵向条纹。珍珠马甲鱼腹鳍胸位，而且已经演化成为一对细长而柔软的触须，可向各个方向自由转动，有触觉功能，能探测周围有无障碍物和辨别食物，平时随着身体的游动，时而在前方摇晃，时而转至两侧摆动，或上或下，犹如盲者探路的手杖，十分灵活敏锐；在不游动时，触须也会轻轻飘动，好像女孩在梳理自己长长的辫子，异常美丽。臀鳍长而宽，占到体长的 2/3，始于腹鳍后，越向后越宽，直至尾鳍处；尾鳍后缘稍稍内凹。

（二）习性

（1）溶氧：因属攀鲈亚目的鱼类，具有鳃上器。珍珠马甲鱼可以利用褶鳃直接在水面吞咽空气，从空气中吸收氧，在含氧量较少的水中可安然无恙，能饲养在鱼体密度较高的水族箱中。

（2）水温：适温范围为 20 ~ 30℃，最适水温为 24 ~ 27℃，存活的下限温度为 14℃。

（3）水质条件：对水质要求清澈透明，适宜 pH 值为 6.5 ~ 7.0，硬度为 3° ~ 20°。所以在一些酸碱度偏高的环境中不能正常生长，难以显现出美丽的色彩。

（4）食性：为杂食性但偏动物性。喜欢在水族箱上层觅食，不择食，偏爱红虫、血虫、线丝虫、丝蚯蚓、虾籽、蟹籽等富含高蛋白质的小型活饵，也能投喂人工配合饵料。

（5）繁殖特性：卵生鱼，体外受精，雌鱼将卵产在雄鱼吐泡筑成的卵巢上，繁殖期的珍珠马甲鱼变得暴躁、好斗，雄鱼有攻击雌鱼的倾向。

（6）珍珠马甲鱼性情温和，适合与其他品种的热带鱼混养。

（7）珍珠马甲鱼喜欢栖息于不太流动或完全静止的天然水域；珍珠马甲鱼的幼鱼胆小，对环境变化极敏感，如遇灯光突然熄灭或开启时，幼鱼会因受惊而四处乱窜。

（三）繁殖

1. 繁殖前的准备工作

（1）亲鱼的选择：珍珠马甲鱼一般经过 10 个月的生长，体长达 6 厘米以上时达到性成熟年龄。可选择胸部变红，腹鳍变长，而且体态健壮、体色鲜艳的雄鱼作为亲鱼。在繁殖期间，雄鱼有非常显著的第二特征，它的个体比雌鱼大，而雌鱼必须挑选腹部明显膨大的个体。另外，最好选择体长 7 ~ 8 厘米的 2 龄鱼，其繁殖成功率最高，而体长超过 10 厘米的个体已过了青春期，繁殖成功率反而降低。繁殖前，先把雌雄鱼分开饲养半个月以上，用红虫等活饵饲养。

（2）雌雄鉴别：珍珠马甲鱼的雌雄一般在饲养 5 个月后才容易区别。珍珠马甲鱼雌雄鉴别较容易，雄鱼背鳍、腹鳍长而飘逸，腹鳍阔大，鳍边末端较尖；雌鱼的背鳍、腹鳍相对较短，鳍边末端钝圆，身体略小，腹部较膨胀。繁殖期间，雄鱼的下颚至鱼腹部均呈现出艳丽的橘黄色或大红的“婚姻色”，美丽眩目；而雌鱼则不同，身体色彩浅淡，不及雄鱼美艳可爱。当雌鱼腹部鼓胀时，即到了成熟期。

（3）雌雄比例：将经过仔细挑选的亲鱼按雌雄 1∶1 的比例投入繁殖水族箱后，经过一段时间，即开始产卵繁殖。

（4）繁殖水族箱：繁殖水族箱要大，规格可为 50 厘米 ×40 厘米 ×30 厘米到 80 厘米 ×50 厘米 ×40 厘米，水温度控制在 27 ~ 29℃，pH 值为 6.8 ~ 7.2，水硬度为 6° ~ 10° 的水质条件下进行繁殖。珍珠马甲鱼和斗鱼、蓝星鱼一样，吐泡筑巢进行繁殖，因此繁殖水族箱里要在水面放置一些悬浮性的水草或水草叶片，使雄鱼能在其间筑一个相当大的泡沫巢。由于放置的水草须经严格消毒，且有时因缺少光照而腐烂，可采用直径 5 厘米左右的泡沫块代替水草，也能取得良好效果。繁殖水族箱内水的高度应是箱高度的一半，不必提供任何增氧、过滤的设备，因该鱼独特的生理特性，在水溶氧较低的情况下可直接呼吸来自水面的空气，使用增氧、过滤设备反而使它们构筑的巢不够坚固。

（5）筑巢与发情：性腺发育良好的雄鱼在进入繁殖水族箱后 2 ～ 3 天内找到合适位置，就开始在水面一边呼吸水面的空气，一边吐出一个一个的小气泡构筑浮性泡沫鱼巢。其所筑的泡沫比较大且松弛（一个泡沫直径为 5 ～ 15 厘米）。在雄鱼筑巢的过程中，雌鱼一般在旁静止不动，但也不时游近泡沫巢，似乎在鼓励。雄鱼开始做泡沫巢是发情的先兆。

2. 繁殖

（1）交配与产仔：泡沫巢一般需 2 ～ 5 小时才能筑好，然后，雄鱼就开始引诱躲在一角的雌鱼，并开始攻击追逐雌鱼。此时的亲鱼，尤其是雄鱼的体色变得很快，经常在数秒时间内变成橘黄色或大红色，雌鱼体色也比平时鲜艳一些。倘若受到人为的惊动，又会马上恢复到平时的色调。雄鱼此时还会全身痉挛，以各种舞姿向雌鱼求爱，雌鱼首先逃避，继而被引诱并驱赶进入泡沫巢底部，共同执行繁殖工作。若雌鱼性欲良好，便自愿游至巢下让雄鱼拥抱。雄鱼弯曲身体裹住雌鱼，雄雌鱼身体都弯成“C”形，雄鱼用头压迫雌鱼腹部，在双双激烈的几次拥抱翻滚之后，雌鱼兴奋中将卵子排出，雄鱼同时射精，使卵受精。雄鱼小心翼翼地用嘴将排到水中的受精卵一颗颗地衔回泡沫巢中。产卵过程一般由早晨开始持续至中午，雌雄鱼经过数次翻滚产卵运动，雌鱼才能把全部卵子排空。

倘若雌鱼性腺发育良好，经几次追逐后便与雄鱼相互配合，有时甚至出现雌鱼主动追逐雄鱼。在这种情况下，如果雄鱼个体比雌鱼小，繁殖往往不能成功，或者雌鱼不能把卵全部产光。如果是雌鱼性腺发育不很成熟，雌鱼会到处躲避雄鱼，此时须及时把雌鱼撤走，否则雌鱼会受伤。

产卵结束后，应将雌鱼捞出分箱另养，以免它游近泡沫巢时被雄鱼追逐咬伤，并应投喂优质饵料仔细照顾，使它及时恢复体质，雄鱼则留下守护鱼卵直到孵化，并负担起看管仔鱼的责任。

珍珠马甲鱼为多产鱼类，产卵数量较多，雌鱼每次可产卵 500 ～ 1 000 粒，多者可达 2 000 粒。卵小而圆，直径 0.5 毫米，白色透明。产卵间隔时间约为 10 天。

（2）护卵与孵化：雄鱼独自小心翼翼地看护着鱼卵，不时扇动胸鳍增加泡沫巢中鱼卵附近的溶氧量，还不时将浮巢外的受精卵用嘴衔起送回泡沫巢中，并不时吐出更多的气泡来修复这个保护儿女们的泡沫巢。

受精卵在雄鱼精心呵护下，孵化水温在 27℃以上，经 1 天后，原先色泽较浅的受精卵即变成黑色，再过 1 天，一尾一尾大小宛如针尖的仔鱼此时便破膜而出。刚孵化红虫的仔鱼游动器官尚未完全发育，无自由游动的能力，只能附在泡沫巢内依靠体内带油球的卵黄囊维持营养，依旧需要雄鱼在一边呵护照顾。再经过 36 小时左右，仔鱼的卵黄囊基本消失，能主动游动，也能自行捕食细微的红虫时，就要将疲惫不堪的雄鱼捞出进行恢复饲养。

3. 育苗

（1）仔鱼培育：刚平游的珍珠鱼仔鱼十分细小和娇嫩，体长不足 4 毫米。仔鱼的个体较其他热带鱼小，往往在卵黄囊消失，开始从外界摄取食物时，因缺乏微型饵料而成活率很低；又因仔鱼的口径很小，不能用丰年虫无节幼体作为开口饵料，所以需要适时供应一些更小的轮虫、草履虫等组成的适口性强的饵料，以提高仔鱼的成活率。在没有适口的轮虫时，可用蛋黄水或自己培育的纤毛虫投喂，但效果不甚理想。

（2）幼鱼培育：体长 1.5 厘米以上的幼鱼，可投喂经 30 目（每平方英寸的孔数）网布过筛的小红虫，随着个体的长大，投喂的红虫无须过筛；也可以投喂动物蛋白质在 35% 以上的人工配合饵料。珍珠马甲鱼不像蓝曼龙那样爱吃，生长也较慢。

4. 日常管理

仔鱼因其鳃发育不全，或因培育水体中鱼体密度高，易发生缺氧死亡，此时应微微充气。在卵黄囊消失后，仔鱼开始在水面下游动的 1 周内，一般不加水、不换水，1 周后加少量水。

随着仔鱼的成长，饲养要特别小心。因体长 1.5 ~ 2.5 厘米幼鱼的附属呼吸器官正在发育，水温不稳定或水温过低，幼鱼易患上“肺炎”症而死亡，为此，应保证水温不低于 27℃并维持水温稳定；如投喂鱼虫等活饵未经消毒，且投喂过量时，水质容易混浊变坏，易使体长 1.5 ~ 2.5 厘米的幼鱼患肠炎；水族箱内水量不宜太深，以免使仔鱼遭受过大压力。

珍珠马甲鱼在良好的水族箱环境中的寿命可在达 5 龄以上。

（四）养殖管理

1. 水族箱设置

由于珍珠马甲鱼躯体较大，性胆怯，喜栖息在浓密的水草里，所以，饲养水族箱要足够大，最好选用 80 厘米以上的水族箱，而且最好种植一些水草，以供其藏匿、休息。如同时用美丽的石块堆成假山则更好。水草和假山既可提供珍珠马甲鱼隐身场所，又起到“以景衬鱼”的作用。另外配备加热棒、过滤器。

2. 放养

珍珠马甲鱼对运输操作敏感性较强，在操作不当或长途运输后容易得弧菌病（养殖过程也易患此病，主要症状是：全身水肿，鳞片竖起，腹部明显肿大），一不小心会导致大量死亡。在购买时，注意仔细操作，避免擦伤，装载密度低一些。放养后可在缸中泼洒氯霉素 0.5 毫克 / 升消毒预防，该鱼对盐度很敏感，故不能用食盐消毒。发病时按此方法连用 3 ~ 5 天。

3. 投喂

珍珠马甲鱼食性杂，不择食，但喜食高蛋白饵料，活饵可投喂红虫、丝蚯蚓等，也可投喂人工配合饵料。

4. 养殖管理

水温保持在 20℃以上，最好保持在 23 ~ 25℃。根据水质情况定期换水，一般 3 ~ 5 天换水 1 次，每次换掉 1/4 ~ 1/3，投喂配合饵料后及时排污，保持水质清澈。

（五）混养搭配

珍珠马甲鱼平时性情温顺和善，不像一般攀鲈科鱼类爱争斗，适宜和小型热带鱼混养，但其成鱼不宜与体形纤小的诸如红绿灯鱼等脂鲤科鱼类混养，因它会追逐吞食这些小鱼；更不能与性情凶猛的鱼类混养，否则会因受惊吓而导致体色黯淡无光，甚至不进食。

九、七彩神仙鱼养殖与欣赏

七彩神仙鱼

七彩神仙鱼属鲈形目，丽鱼科，别名铁饼、七彩燕，原产于南美洲的亚马孙河流域。

此鱼似饼，酷似田径场上的铁饼，英文名为“铁饼”，当之不怪。七彩神仙鱼体长20厘米，近圆形，侧扁，尾鳍扇形，尾柄极短，背鳍、臀鳍对称。从鳃盖到尾柄，分布着8条间距相等的棕红色横条纹。背鳍和臀鳍上各有2条纵向的棕红色条纹，其鳃盖上有1个椭圆形红色斑块和1条横向棕红色条纹。其腹部和吻部为淡粉红色，基本体色有蓝色、红色、绿色、黄色等数种。最常见的为蓝色和红色。体色受光照影响产生变幻，光线暗时，体色深暗；光线明亮，则色彩艳丽丰富，条纹满身。

七彩神仙鱼是五彩神仙鱼的变种，原来野生种稀少，后经人们不断地选育杂交，已由原有的四种原种，变异成许多新的品种。远观头形、体形和鳍难以分辨，从体色上说，有红、绿、蓝绿、蓝之分；从身体花纹上的差别说，全身主要纵条纹的比例占75%以上者归入松石类；在体形上，有宽鳍形和圆盘形，还有高身形和高身鳍形。其名称也因地区习惯等有不同叫法，如红松石、蓝松石、钴蓝、松石、一片蓝、发光大饼及大饼子等。

十几年前刚流行饲养热带鱼时，大家叫它“五彩神仙鱼”，品种也较少，叫作“绿五彩”“蓝五彩”等。后来，随着世界各地“神仙鱼迷”对该鱼的不断繁殖和培育，它的品种越来越多，色彩也越来越丰富，渐渐地名称也升级为“七彩神仙鱼”，像野生七彩、棕七彩、蓝七彩、绿七彩、黑格尔七彩、皇室蓝七彩、皇室绿七彩等。甚至还有人戏称，说不定再过几年，它就要改称为“九彩神仙鱼”了。

（一）品种介绍

1. 野生原种

（1）黑格尔七彩神仙鱼：1840 年，维也纳自然历史博物馆的鱼类学家约翰·贾可巴·黑格尔在南美探险中第一次发现一种鱼（圆盘，胶齿鲷鱼），被正式定名为 SympHysodon discus，这就是后来的黑格尔七彩神仙鱼。野生的黑格尔七彩神仙鱼大多生活在尼格罗河。黑格尔七彩神仙鱼最显著的特征是在体侧的中央有又黑又粗的第五暗色纵带。黑格尔七彩神仙鱼是现今所有野生七彩神仙鱼中繁殖最困难的，所以，黑格尔七彩神仙鱼的人工种很少，其中最特别的有威利史瓦兹黑格尔、蓝面黑格尔。

黑格尔七彩神仙鱼

（2）蓝七彩神仙鱼：野生蓝七彩神仙鱼具有红色和棕色体底色，头部到背鳍某部和臀鳍周围，有一些美丽的蓝色条纹。其中有完整条纹表现的叫皇室蓝七彩。该七彩神仙鱼的眼睛是橙红色或橙黄色，全身布满条纹通称为皇室蓝，实为极稀有的个体，通常为整群蓝七彩的领袖鱼。而现今，红松石欲改良成黄棕色底色及保持笔直松石纹路，就只能依赖于蓝七彩改良了。

蓝七彩神仙鱼

（3）绿七彩神仙鱼：绿七彩神仙鱼分布在秘鲁的普图马优河到亚马孙河中的泰飞河，特征是具有强烈红色调的眼睛，另一个特征是具

绿七彩神仙鱼

棕七彩神仙鱼

有黄色较重的棕色或纯棕色体色以及绿系色调的细长水波纹。绿七彩神仙鱼与蓝七彩神仙鱼的差别：前者的水波纹通常不会超过臀鳍的脊端，在臀鳍的纹路上表现较碎裂；后者往往会超过臀鳍的脊端，臀鳍的纹路则呈条纹状。

（4）棕七彩神仙鱼：在所有野生七彩神仙鱼中，此种是最普遍而常见的品种，也是最易养殖、繁殖的一种。分布于阿莲卡、伊撒河等水域。棕七彩神仙鱼的特征是身上的条纹特别少，主要只散在头颈部及鱼鳍上，会因产地不同拥有不同的基底颜色，有浅黄色、土褐色、红棕色、红色等，目前常被用作培育红系七彩神仙鱼。

野生棕七彩神仙鱼算是早期最普遍的野生彩，大部分的棕彩体色皆以红棕色至黄棕色居多，棕七彩神仙鱼的另一项特色就是身体条纹很少，大都集中在头部及上下鳍。现今所有全色红的鼻祖，就是由它改良来的。

2. 改良品种

在素有“热带鱼之王”美誉的七彩神仙鱼王国里，改良品种以雪玉、红白、豹纹、鸽子、红盖子、天子蓝等为市场主流，本书简单作以介绍，供读者欣赏。

（1）雪玉七彩神仙鱼：目前国内非常流行，它全身雪白如玉，背鳍、臀鳍微现蓝色，游动起来宛如仙子，飘逸轻柔。

（2）红白七彩神仙鱼：头部、背部及背鳍雪白，身体侧线以下至尾柄通红，慢慢游来，像一团火焰飘然而至。

雪玉七彩神仙鱼

红白七彩神仙鱼

（3）豹纹七彩神仙鱼：细密的红点布满全身，头部和身体上规律排列黑色斑纹，它属于绿七彩的人工改良品种，以其巧夺天工的纹路，绚丽的色彩深受养殖者喜爱。

豹纹七彩神仙鱼

（4）鸽子七彩神仙鱼：1991 年鸽子面世，由于它那红宝石般迷人的眼睛，被命名为“鸽子”，如今培育出许多品种，如棋盘鸽、珍珠鸽等。鸽子唯一遗憾之处是身体有黑纱，当水质条件不良时，黑纱会浮现更多。

鸽子七彩神仙鱼

（5）红盖子七彩神仙鱼：浑身红润无条纹的金色红七彩神仙鱼，被人们叫作“红盖子”，对酷爱红色的中国人来说，红色代表吉祥、喜庆，红盖子在国内极受欢迎。

（6）天子蓝七彩神仙鱼：全身呈天空般纯净色彩的天子蓝，经过人们长期培育，克服了早期红鳃盖的底色，身体几乎也不存在原有的棕色底色，使人在蓝色的映衬下心情格外安宁。

红盖子七彩神仙鱼

天子蓝七彩神仙鱼

（二）习性

七彩神仙鱼属于高温高氧鱼，对水质和饵料的要求都较为苛刻，饲养起来非常不容易。水温、pH 值、溶解氧、亚硝酸盐的高低，都会影响其生长和体色。

（1）自然界的七彩神仙鱼生活水温在 23 ~ 28℃，人工养殖的适宜水温为 28 ~ 30℃。

（2）pH 值为 5.5 ~ 6.6，pH 值在 7.5 以上时，会使七彩神仙鱼原有体色发生变化，并且破坏鱼的体形。

（3）溶解氧在所有观赏鱼中的要求是较高的，需要达到 5 ~ 6.5 毫克 / 升。

（4）适宜七彩神仙鱼生存的水中硬度很低，亚硝酸盐含量几乎为零。由此可知，七彩神仙鱼饲养非常困难，贵得也有道理，这似乎成了大观赏鱼交易中心所有热带水族店的一个共识。

（三）养殖管理

宁静

七彩神仙鱼的养殖过程中非常需要注重日常管理，建立良好的观念和习惯，才能将七彩神仙鱼之美发挥至极致。根据不同的目的，分为观赏型和养殖型。观赏型在养殖管理上要求不是很高，相对简单，就换水而言，每周换 1/3 或者每月换 1/2 就可以，换水时不要加快水流速度，越慢越好，避免水质变化；饵料可采用颗粒饵料、汉堡、丰年虫、赤虫、丝蚯蚓，每次喂食以 5 ~ 15 分钟吃完为好；定时定期清理残饵和排泄物，加强过滤功能，保持水质稳定，如此就能够养殖好一缸活泼美丽的七彩神仙鱼。养殖型对七彩神仙鱼的生长速度、日常管理的要求都很高，需要有一套完整的生产管理模式。我们主要对养殖型管理方法进行详细介绍。

1. 养殖器材

（1）水族箱：七彩神仙鱼需要有足够的活动空间，选用合理的水族箱规格，能够合理利用空间，便于管理，过大或者过小都不适于生长。幼鱼和成鱼的养殖水族箱采用 120 厘米 ×50 厘米 ×45 厘米的规格；亲鱼繁殖水族箱采用 50 厘米 ×50 厘米 ×45 厘米的规格。

（2）气泵：七彩神仙鱼对溶解氧要求很高，因此根据水族箱数量、鱼的数量和规格大小，选择气泵。

（3）加热棒：七彩神仙鱼适宜生活的水温为 28 ~ 30℃，北方地区自然条件下根本不能够达到，应配置外调式加热棒。

（4）过滤器：过滤器是养殖七彩神仙鱼必备器材之一，常用的有上部过滤器、外置式过滤器、桶式过滤器、滴流式过滤器、海绵式过滤器等任选一种。

（5）照明设备：七彩神仙鱼对灯光要求不高，一般 15 平方米的养殖面积有一个 10 ~ 40 瓦的灯泡就足够了，但在繁殖缸上应再加一个小灯作为长明灯，一是避免开关瞬间使七彩神仙鱼受到惊吓，二是有助于仔鱼附着在种鱼的身上，防止大鱼伤及仔鱼。

（6）温度计：饲养七彩神仙鱼的水族箱中一定要有一支精确易读的温度计，放在明显易看的位置上，以使你能经常观察到水温的变化情况。

2. 水环境控制

七彩神仙鱼喜欢弱酸性软水，水草丰茂、木石叠嶂的幽静水域。对水质要求极高，特别是 pH 值应稳定在 5.5 ~ 6.5，若有 0.2 的突变，就会使其体表黏膜受到损害。另外，它是高温高氧鱼类，水温应长期保持在 28 ~ 30℃，应长期使用加热器，特别是变化无常的春天，以防止水温过低或突变。饲养的水质要高度清洁，水族箱必备过滤器一个，过滤槽中放置过滤棉和活性炭，以起到除菌、去污、降低 pH 值的作用。过滤棉不能换得过勤，每次最好留下一两块下面不太脏的，上面的一块也要略略冲洗一下再接着用。关于换水，要注意换水不要太勤，每次量不要太大，只将水箱底部的污物快速吸除就可，并加入水质水温条件一致的水。

3. 饲养管理

七彩神仙鱼喜爱吃血虫、丰年虫、冷冻的汉堡，也吃红虫、鱼肉等，但是活饵常带有寄生虫及病菌，喂食前要经过消毒处理；洗净后用高锰酸钾 20 毫克 / 升浸泡 15 ~ 20 分钟，或 5% 食盐溶液浸泡 5 ~ 10 分钟，再用淡水漂洗后投喂。为避免观赏鱼营养不良，不能喂食单一的食物，专业的饲养者大多喂以冷冻汉堡。冷冻汉堡可以自己制作，一般以牛心为主，配以少量鱼虾肉、蔬菜及螺旋藻、复合维生素等，用搅拌机打成泥后冷冻即可。冷冻汉堡营养全面，卫生安全，是七彩神仙鱼较喜爱的一种食品。七彩神仙鱼的食量很大，一天要喂多次，残饵要及时捞出。最好每天排污，避免亚硝酸盐的大量聚积，换水也能刺激鱼的食欲。

4. 病害防治

新购入的鱼不要直接放入水族箱中混养，最好能先准备个小水族箱单独饲养一阵子（水要经过处理），观察有没有病状，用抗生素浸泡消毒，检疫一段时间再放入水族箱中。一般来说，检疫时间需要 2 ～ 4 周，因此，为了便于长时间检疫饲养，用于七彩神仙鱼检疫的隔离缸的空间也要尽可能宽大，另外，每次在检疫治疗缸进行药物治疗之后，都必须再换一部分的水（约 1/3），这样才能保证水质。

除了根据各种情况使用不同的药剂防治以外，在七彩神仙鱼治疗中，提高水温也是个非常有效的治疗方法。但是鱼的体温会随着水温变化，无论在哪种情况下，水温的升高要很小心地缓慢进行，这样不容易对七彩神仙鱼造成伤害。水温的最高极限可以到 35℃。但是，在这种高水温的环境中，应该随时注意水质或者七彩神仙鱼的状况的变化。

如果有一尾或几尾七彩神仙鱼同时排出的粪便是白色的，七彩神仙鱼就必须进行体内寄生虫的治疗。用庆大霉素来治疗肠炎，用爱族体内驱虫剂来治疗寄生虫的效果不错。每天投喂药饵 1 次，要连续进行 3 ～ 5 天。

（四）繁殖

1. 亲鱼选择

七彩神仙鱼的繁殖中，不像其他种类的鱼可以轻易地分辨出性别，雌雄没有太大的差异，需要有相当的经验才能判断。首先看生殖孔，雄鱼的生殖孔尖细，雌鱼的圆粗，通常在发情期生殖孔伸出时较易判断；其次是头部，雄鱼的头部会较突起，雌鱼的较为圆顺；雄鱼的腹部平顺，雌鱼的腹部微凹，一般体形较大的是雄鱼；同一窝的七彩神仙鱼中，雄鱼体色较蓝，雌鱼体色较红。通常我们选择身体强壮、色泽亮丽、无病无伤、无缺陷畸形的鱼作为亲鱼，不要选神经质或脾气暴躁的鱼，以免亲鱼打架。

2. 水质调控

七彩神仙鱼繁殖的水质比其他鱼要求高，通常的标准是水温保持在27 ~ 29℃，pH 值为 4.2 ~ 6.8，溶解氧在 5 ~ 6.5 毫克 / 升。但是每一对七彩亲鱼所要求的范围都不一样，曾经有非 pH 值为 4.6 不能孵化出苗种，也有 pH 值要达到 7 左右才能孵出，即使是同一窝鱼，它们对水质的要求完全是个体差异，需赖于耐心去抓取最适合的范围。通常雄鱼的水质要求范围会比雌鱼要苛刻，因此，常常看到雌鱼终于产卵了，而雄鱼不愿意授精。

3. 繁殖

繁殖的水族箱通常为 50 厘米 ×50 厘米 ×45 厘米，水族箱愈大，水质相对愈稳定。水族箱中间摆一个产卵筒，通常，把一些性成熟的七彩神仙鱼养殖在一起，可以轻易地发现有一对对经常在一起，那就是自然配对；自然配对的亲鱼繁殖成功率最高。但是为了培养需要的品种，通常会采取“强制配对”来得到想要的苗种。此方法失败率较高，但是为了杂交培育出优秀品种，还是需要不断尝试，通常可以挑选已繁殖过的亲鱼进行“强制配对”，能够提高成功率。

4. 产卵孵化

配对后的亲鱼经过强化培育，亲鱼会出现发情时的体色，并且“夫妻”俩很努力地清理产卵筒。雌亲鱼在产卵筒上产下一排一排鱼卵，雄亲鱼紧接着一排一排地授精，井然有序。受精卵经过 48 ~ 60 小时后，孵化出水花鱼苗。刚孵出来的小鱼，不会游动，彼此纠结成一团，亲鱼将它们安置在一起，用胸鳍扇动新鲜水流给仔鱼。2 ~ 3 天后，鱼苗腹部的卵黄囊吸收完毕，腰点出现，鱼苗开始平游，这时亲鱼会负起保姆的责任，将所有鱼苗带在身上，体表分泌黏膜给小鱼吸食，吸食黏膜 7 ~ 10 天后，即可开始喂食丰年虫，就可以将鱼苗单独养殖。

母子游

5. 苗种养殖

经亲鱼带一周后的鱼苗，就可以取出来养殖了。但是要视亲鱼的状况及品种而定，若是亲鱼状况不好，或是身体黏液不够，鱼苗的生长速度就会减慢。鱼苗养殖水族箱通常使用 120 厘米 ×50 厘米 ×45 厘米的规格，采用高密度养殖，保持水温在 30℃左右。初期投喂丰年幼虫，可从鱼苗肚子部分有没有变红来判断是否有进食。此时要注意水质调节。丰年幼虫属于高蛋白的食物，因此水质腐败的速度很快，特别注意亚硝酸浓度，如果浓度过高，会引起鱼苗鳃部组织受损而造成常见的“翻鳃”。因此投喂丰年幼虫后，应立刻大量换水；常在投喂 3 ~ 4 次后开始换水。检查养殖水系统是否健全，否则鱼苗容易受伤害；待七彩神仙鱼苗种长到铜板大小时，就可以开始投食汉堡，这时的饲养就和一般的七彩神仙鱼成鱼养殖相同了。

十、地图鱼养殖与欣赏

地图鱼俗称尾星鱼、猪仔鱼。分类上隶属于鲈形目，丽鱼科，星丽鱼属。原产地南美洲的圭亚那境内、委内瑞拉、巴西的亚马孙河流域。

地图鱼体形宽大，属一种大型鱼，体长可达 35 厘米。其身体上布满了不规则的红色、橙黄色的斑纹，就像是一幅地图，因此得名。它们进食贪婪，平时“好吃懒做”。地图鱼形态很别致，体色斑块艳丽，令人赏心悦目，具有独特的观赏价值；因其生长速度快、肉味鲜美、营养价值高、无肌间小刺等优点，又具有很高的食用价值。所以，在一些地方甚至将它们作为高档食用鱼在餐

白花地图鱼

红花地图鱼

厅里销售，供食客品尝食用。地图鱼是一种集观赏和食用为一体的淡水鱼类。

地图鱼因其体色绚丽多彩、易于养殖，深受观赏鱼爱好者和养殖户的喜爱。经过多年的人工养殖，又经各地养殖场不断地进行人工杂交繁殖和品种筛选培育，现在已经培育出了许多新品种，其身体图案、体色、形态变得更加多姿多彩。按体色、斑纹的变化区分，现在形成的有白地图鱼、红地图鱼、黄地图鱼、红花地图鱼等。白地图鱼体全身米白色，间有浅黄色斑纹，尾星为红色环包围；红地图鱼体全身鲜红色，鳍边呈不规则白边；黄地图鱼全身橙黄色，头背部和各鳍有不规则的黑斑；红花地图鱼在褐黑色的体上散布着红色花纹与斑点。目前，在水族市场上新近出现并且十分热销的一款长尾型红眼白化种的地图鱼，称为“彗星碧玉猪”，也深受养殖爱好者的喜欢。

（一）形态特征

鱼体呈椭圆形，侧扁，头大，嘴大，各鳍条宽大。背鳍基部很长，自胸鳍对应部位的背部起直抵尾柄，前半部鳍条由较短的锯齿状硬棘组成，后半部由较长的软鳍条组成。腹鳍胸位，鳍端尖条形。臀鳍与背鳍对称，鳍末端雄性较尖长，雌性略圆，尾鳍扇形。体色基调乌黑或黑褐色，体侧散布着不规则的橙红色斑块，间镶红色条纹，呈地图状而得名。尾鳍基部上方有圆形黑斑，其外圈有橙红色环，游动时闪闪发光，似夏夜星星而得名“尾星鱼”。成熟的鱼，尾柄部的大黑斑点形状如眼睛，可作为保护色及诱敌色，使其他鱼分不清前后而容易成为地图鱼口中餐。地图鱼在未达到性成熟之前，雌雄特征不明显，性别不易区分。

地图鱼

（二）习性

地图鱼对水质要求不严，在弱酸性、中性和微碱性水中都能正常生活。

水温要求在 22 ～ 30℃，适宜水温为（26±2）℃；pH 值为 6.8 ～ 7.2；硬度为 8° ～ 12°；溶解氧≥ 5 毫克 / 升。

地图鱼为中下层肉食性鱼类，其食量惊人，生长快速，只要投饵充足，水质条件好，放养 5 厘米鱼种，养殖 10 个月就可达 25 厘米以上。

地图鱼虽然体态粗笨、行动迟缓，但捕食反应敏捷、准确。当饱食后它便懒洋洋地侧卧打盹儿如猪。其习性并不凶猛，只是摄饵较凶猛，食量惊人、非常贪吃，它们几乎吞食任何可以接受的饵料，但是最喜欢的食物还是鲜活的小鱼、小虾、丝蚯蚓等。所以，千万不可将它们和体形较小的其他鱼类一起混合饲养！在进食的时候，甚至嘴里含着一条还未吞咽下去的小鱼就去追逐捕食另外的，非常贪婪。在吃饱喝足以后，它们有时会侧着身子平躺在水族箱的底部，这时，可不要以为它们有什么不适，它们只是开始偷懒，稍作休息而已。

地图鱼对光照较敏感，在光照下体色黑褐色会呈浅褐色，适宜在大中型水族箱内饲养。根据地图鱼的生物学特性也适合在池塘和水库网箱养殖。国内有研究所将地图鱼放入水库网箱中饲养，养殖的地图鱼花色大为丰富美丽，尾星亮丽，出现率多，体色有灰蓝、灰黄、紫黄、紫红、紫绿、猩红、绿红（前一个字为上身色彩，后一个字为下身色彩）等。投喂特制的配合饵料，地图鱼也肯摄食，在人工条件下饲养的地图鱼，生长快速，成活率高，色泽鲜艳，商品率高。

地图鱼还经常打斗，张开大嘴，鼓起两鳃，震颤着背鳍、臀鳍和尾鳍，快速扇动胸鳍，进攻对方，有时会弄得遍体鳞伤。可单养也可混养。

地图鱼的生命是热带鱼中较长的，可存活 10 年以上。据有关资料介绍，已经有地图鱼在水族箱中存活 13 年的记录。同时，

它们也是热带鱼中最通人性的鱼，喜欢与人亲近，当它们的主人靠近水族箱，它们即刻会游靠过来，它们也会接受主人的抚摸，甚至会从水族箱中跃起水面接受主人手中的饵料。

（三）水族箱饲养

1. 放养密度和搭配放养

在 80 厘米 ×50 厘米 ×45 厘米规格的水族箱里，单养体长在 5 ~ 10 厘米的地图鱼，放养量为 12 ~ 14 尾；体长在 20 厘米以上，放养量为 4 ~ 6 尾。可以和血红鹦鹉、七星刀鱼、红宝石（星光鲈）、银鲨等鱼搭配喂养，但不能和小型鱼红绿灯、宝莲灯等鱼混养。搭配原则是以地图鱼为主，其他搭配鱼以偶数或雌雄成对为好。密度视鱼体大小，总尾数控制在 6 ~ 12 尾。

2. 水质调控

地图鱼虽然对水质要求不十分严格，但水质新鲜，可以大大促进其生长速度。一般有过滤系统情况下，每 2 ~ 3 天换 1 次水。用吸管吸出箱底积粪、残饵等污物和下层水，换水量为 1/3 ~ 1/2。换入的自来水先用抗氯剂进行处理，如用鱼乐宝消毒净水片剂每 10 千克加一片，碾碎溶化后搅拌半分钟即可放入水族箱。水族箱底不宜铺设细沙和植水草。可适量放一些鹅卵石，以防止过多的排泄物沉积集聚，导致水质恶化。地图鱼耗氧量较大，一般配备一台具有潜水、喷氧、抽水三合一的潜水泵，最好 24 小时开机。

3. 水温控制

水族箱应配备水温表，养成随时观察水温的习惯，水温应控制在 20 ~ 30℃，此时地图鱼摄饵旺盛，生长迅速。水温在 18℃时地图鱼摄饵减少，活动力下降，易发疾病；15℃以下活动力极弱；10℃以下会发生死亡。应及时安装潜水型加热棒，可采用垂直、水平或 45° 角方式完全沉入水中。

4. 投饵

幼鱼期可投喂枝角类浮游动物、丝蚯蚓和人工配合饵料（主要成分粗蛋白质含量必须大于 38%）。成鱼期可投喂鲜活的小鱼虾等活饵料及冰冻新鲜鱼虾、碎肉末或人工饵料等。投饵应定时定量投喂，每天 2 ~ 3 次，人工饵料应在投喂后 10 分钟吃完为宜，残食和浮于水面的粪便应及时用捞网捞出，防止水质污染影响观赏效果。投饵时应积极训练地图鱼的摄食能力，培养感情，提高乐趣。

5. 光照控制

一般每天地图鱼都需要接受适宜的光照，时间为 2 ~ 3 小时。例如，80 厘米 ×50 厘米 ×45 厘米规格的水族箱，应配备 25 瓦荧光灯。通过光照能使地图鱼体色更加艳丽，同时通过光照可以杀菌，防止鱼病及水质变坏。

6. 病害防治

地图鱼抗病能力强，很少发生病害，但也必须坚持以防为主的原则，平时注意水族箱的清洁和消毒工作。一般常见病有烂鳍病（主要发生在胸鳍末端）和气泡病（主要发生在胸鳍、腹鳍、腹部等部位）。

（1）烂鳍病防治方法：①用高效消毒剂泼洒入缸；② 3% 食盐浸浴 10 分钟。

（2）气泡病的防治方法：①加快水族箱内水循环，水温宜控制稳定，使水体中过饱和的氧气散发到空气中；②彻底换水，排出老水。

（四）池塘养殖

1. 池塘条件

池塘面积 1 ~ 2 亩，水深 1.5 米左右，淤泥厚度为小于等于 20 厘米；底质硬，质地为黏土，无渗漏，注排水方便。

2. 放养时间、规格和数量

放养前 15 天左右进行清塘消毒，常用清塘药物和方法如下：①生石灰（氧化钙），干法清塘（水深 10 厘米）为 50 ~ 75 千克 / 亩，带水清塘（水深 100 厘米）为 125 ~ 150 千克 / 亩；②漂白粉（有效氯≥ 28%），干法清塘（水深 10 厘米）为 10 千克 / 亩，带水清塘（水深 100 厘米）为 13.5 千克 / 亩，以杀灭病菌和敌害。中原地区 6 月中下旬放养，规格 3 ~ 4 厘米 / 尾，每亩放养苗种 1 800 ~ 2 000 尾，成活率一般为 75%；也可以在 7 月下旬放养经过培育的大规格鱼种，规格 10 ~ 13 厘米 / 尾，每亩放养苗种 1 400 ~

1 600 尾，成活率可达到 85%以上。

3. 饲养管理

（1）水质调控：一般每 10 天注 1 次新水，使水位逐渐提高，透明度应保持在 30 厘米以上，溶解氧 5 毫克 / 升以上。夏季高温季节，地图鱼活动旺盛，水中产生的氨氮、亚硝酸盐等有害物质较多，将严重影响地图鱼的生长，因此，要加大注水量，调节水质透明度，每 10 天检测 1 次水质，主要指标有水温、透明度、酸碱度、溶解氧、氨氮、亚硝酸盐等。根据水质、底质变化使用益生菌（EM 菌）及其他水质改良剂调节水质、底质（微生物制剂不得与消毒剂同时使用），保持良好的池塘环境，减少病害发生。

（2）投饵管理：人工驯化后，可投喂人工配合饵料，蛋白质含量须达到 35% ~ 38%，并添加含有红色素添加剂，如虾红素。每天投喂 2 ~ 3 次，也可投喂小鱼虾等适口饵料。投饵要坚持“四定”，即定时、定量、定位、定质。投饵量：人工配合饵料为鱼体重的 3% ~ 4%，适口饵料为 1%左右。由于地图鱼食性凶猛，因此，要巡塘观察其摄食、活动等情况，确保投喂的饵料充足，避免相互之间的斗殴。

（3）病害预防：地图鱼病害很少，但要坚持“预防为主，防治结合”的原则，每 15 天用生石灰或消毒剂泼洒 1 次，可防止疾病的发生。

地图鱼池塘养殖

（五）繁殖

1. 亲鱼选择

亲鱼品质的好坏直接影响到人工繁殖的效果及子代的品质，因此，对于繁殖的亲鱼必须经过精心、仔细的挑选。挑选亲鱼应选择满 18 月龄，体长 18 厘米，体重 500 克以上，无病无伤、体表光滑、鳍条齐全、鳞片整齐无脱落，经自然配对，体形好、发育健全的个体。

2. 雌雄鉴别

在非生殖期，同龄亲鱼一般雄性个体大于雌性，雄鱼头部厚而发达，身体上的斑纹色泽鲜艳，鳃盖上橙红色块闪闪发金光，尾星色斑亮丽，臀鳍端尖长；雌鱼色泽稍淡且腹部膨大；雌雄鱼生殖孔差别不很明显，只能凭借丰富经验从生殖孔判断。在亲鱼发情期，则可以从雌鱼产卵管粗大而长和雄鱼射精管短而较细来清楚的分别雌雄。

3. 亲鱼培育

亲鱼在繁殖前的培养是至关重要的，培养不当会造成亲鱼不发情、产卵。将自然配对后的亲鱼按照雌雄比 1 ∶ 1 的比例放入水族箱内，每个水族箱只放一对亲鱼。亲鱼培育最好投喂鲜活饵料，以鲜活的小规格河虾、泥鳅、小杂鱼为佳。投喂配合饲料蛋白含量须在 40%以上，每天少量多次，日投喂量占鱼体重的 4% ~ 5%；并且及时换水，每天换水 1 次，换水量占总量的 1/3 左右，换水时清除残饵和排泄物。水体溶氧量保持 4 毫克 / 升以上，不能让亲鱼缺氧浮头。培育工作做得好，亲鱼怀卵量高，产卵量多，受精率高，孵化率也相应就高。

4. 繁殖环境

地图鱼具有喜静、怕惊的习性，因此亲鱼培育和繁殖应选择僻静处。繁殖水族箱最好要用大型缸，规格达到 80 厘米 ×50 厘米 ×45 厘以上为好。因地图鱼为卵生鱼类，且是沉性卵，一般在水族箱底放置一块规格 20 厘米 ×20 厘米 ×2 厘米的瓷砖或大盘等作为产卵板。繁殖水温控制在 26 ~ 30℃。亲鱼培育和繁殖期间保持周围环境的安静。

5. 产前反应

当亲鱼开始发情时，产卵管和射精管均突出明显，雄鱼会十分兴奋，不时地全身痉挛，振动着全身各鳍条，尾星黑色增黑，橙红色更亮，围绕着雌鱼不停地游动，用大嘴碰撞雌鱼的头部和躯体，当发现雌雄鱼生殖管突出和互相追逐时，马上在亲鱼缸中放入产卵板，亲鱼会不停用嘴啃咬产卵板，并把产卵板啃食干净，俗称“叨板儿”。等到雌雄鱼开始围绕产卵板打转，逐渐停留在产卵板上方，俗称“卧板儿”，即为产卵开始的前兆。

6. 繁殖产卵

地图鱼产卵

受精卵

产卵时间一般在较安静的夜里。产卵时，雌鱼泄殖孔外突，不断地摆动身体，震颤各鳍，围绕产卵板转动，首先是雌鱼在板上产下卵粒；然后，雄鱼跟随其后在雌鱼刚产出的卵粒上射出精液，雌雄鱼围绕产卵板反复转圈并产卵受精，俗称“走板儿”。整个产卵过程会持续 1 小时左右。产下的受精卵呈不规则排列于缸底产卵板上。受精卵透明，具有黏性，其卵粒比一般观赏鱼受精卵卵粒大。没有受精的卵显淡黄色。正常成熟的一尾 350 ~ 500 克的雌性地图鱼一次可以产下 500 ~ 2 000 粒卵，多时可产将近 3 000 粒。亲鱼产卵具有较强的护卵护仔习性，它们会用胸鳍在鱼卵附近不停地轻微扇动，给卵增氧。卵的孵化需要软水，因此，待亲鱼产完卵后应及时将产卵板从亲鱼缸中拿出放入孵化箱孵化。

7. 亲鱼产后调理

地图鱼具有多次产卵的习性，只要保证营养，培养得当，10 天以后会再次产卵，因此加强产后亲鱼的培育十分重要。刚产完卵的亲鱼饥饿劳累，体质较弱，此时要加强水环境管理，并且投喂一些鲜活饵料或高蛋白配合饵料。投喂鲜活鱼虾时要注意，使鱼虾处于濒死状态，以免亲鱼因追逐饵料鱼虾耗费过多体力，以加快亲鱼体质恢复，为下次产卵积蓄充足的营养和能量。

8. 鱼卵孵化

可以选择长 30 ~ 40 厘米、宽 25 厘米、高 10 厘米左右的塑料箱作为孵化箱，孵化箱长、宽以能够顺利装下产卵板为宜，高度不宜过高。将产卵板从亲鱼缸中拿出放入孵化箱孵化。孵化用水可采用饮用纯净水，水体溶氧量要保持大于 4 毫克 / 升，水温 26 ~ 30℃。孵化期间水深应保证能淹没氧气头和产卵板，一般保持 4 厘米左右，放入 1 个气泡石增氧。

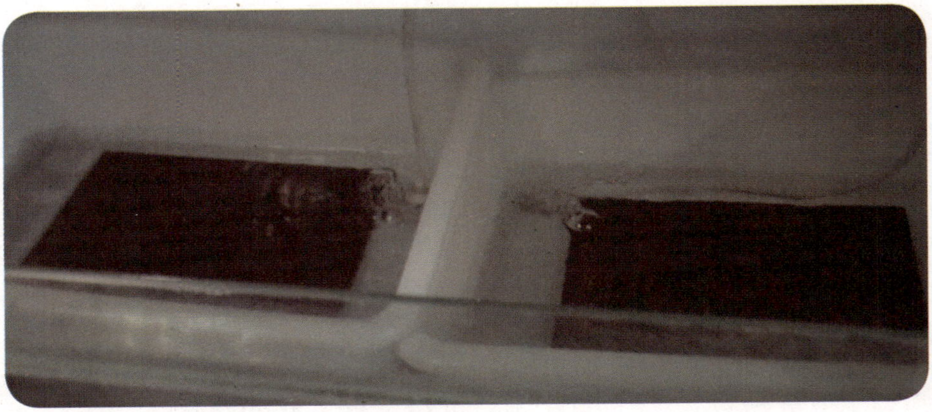

受精卵孵化

在解剖镜下观察，40 小时后鱼苗破膜而出，刚出膜的幼鱼在产卵板上轻微的摇动身体，再过 12 小时后幼苗自行脱离产卵板落入孵化箱，此时幼苗还不能游动。待全部幼苗脱板后即可把纯净水换掉，换用经充分曝气的自来水，并加高水位。此时幼苗体长 0.6 厘米左右，能够在水底来回移动，靠卵黄囊吸收营养，无须投喂，管理上主要应做好每天换水 1 次并保持不断充氧。待卵黄囊消失后应及时投喂微型活饵作为开口饵料供其摄食，保证其顺利地发育生长，开口饵料可以投喂轮虫、草履虫等肉眼看不见的浮游动物或者丰年虫，这样经过 3 天左右，幼鱼就可以平游了。幼鱼平游后要用丰年虫

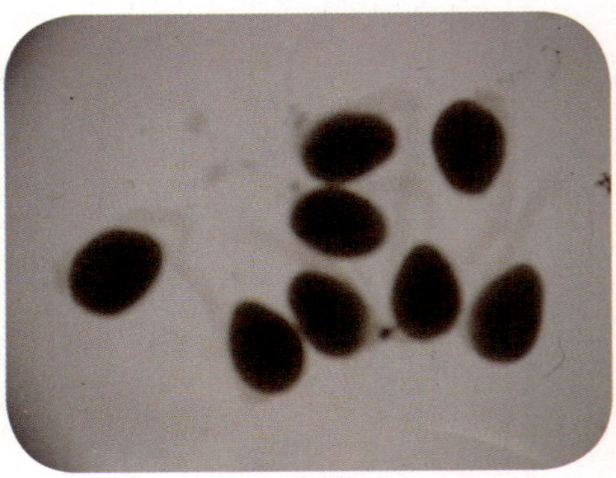

出膜

及时投喂一次，并保证所有鱼苗吃饱，然后转入大缸培育鱼苗。

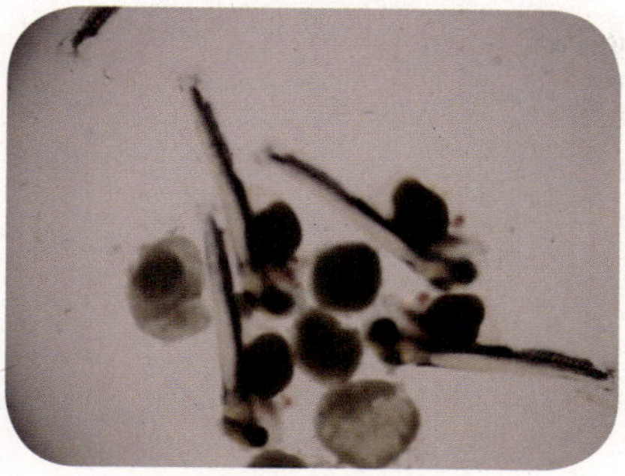

刚出膜的鱼苗

刚起飞的小鱼

（六）幼鱼培育

幼鱼平游后即进入鱼苗培育阶段，此时幼鱼体长 0.7 ~ 0.8 厘米，平游后的 5 ~ 7 天以投喂丰年虫为主，最快 5 天以后鱼苗体长达到 1 厘米左右，可以改喂红虫；养殖 14 天后当，体长达到 1.5 ~ 1.7 厘米时可投喂红虫或丝蚯蚓，但还不能摄食市场上销售的商品赤虫。养殖 21 天后，当体长达到 2 ~ 2.5 厘米时可以投喂红虫、丝蚯蚓或商品赤虫，但不能摄食配合饵料。养殖 30 天后，当体长达到 3 厘米以上时可以开始逐渐改喂配合饵料，养殖 50 天后体长可达到 4.5 厘米以上。

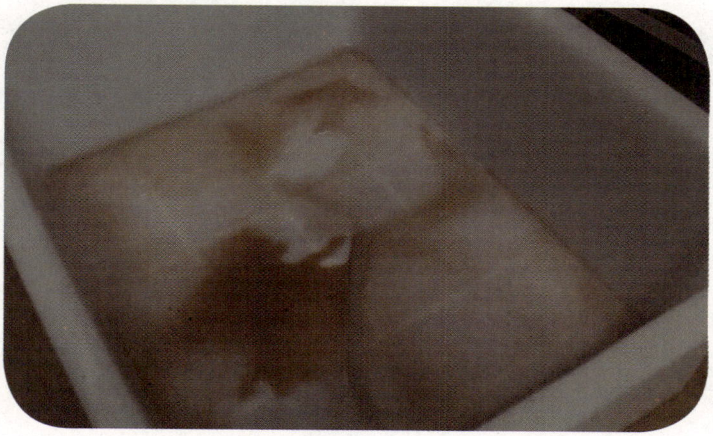

开口饵料——丰年虫

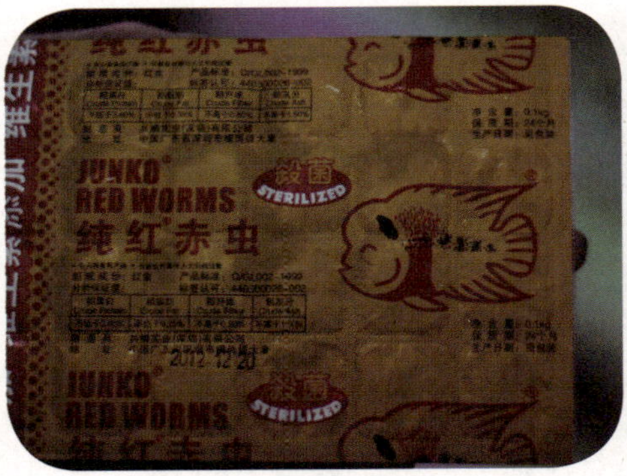

赤虫

冷冻血虫

鱼苗培育的前 10 天是关键，因此投喂量要充足、水温需保持 26℃以上，否则影响成活率。另外，此阶段出残鱼的比例较大，有些发育不好的幼鱼无法摄食生长，体长明显偏小，会逐步死亡。正常情况下 10 天后成活率可达到 70% ~ 80%。10 天后随着鱼苗长大，需要将鱼苗按个体大小分缸培育。以后每隔 10 天应挑选一次，一是降低养殖密度；二是因为地图鱼具有残食性，避免个体大的鱼残食小鱼。

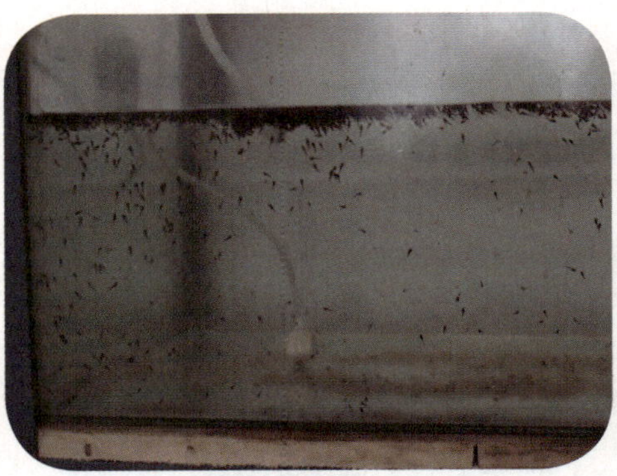
幼苗培育

培育 20 天后的小鱼

鱼苗培育期间，水体溶氧量要保持在 4 毫克 / 升以上，水温应保持 26℃以上；水温低于 22℃会影响摄食，低于 20℃会引起鱼苗死亡。

十一、金鱼养殖与欣赏

中国是金鱼的故乡，经历千百年的演绎发展之后，中国金鱼已成为中华文化遗产的重要一部分。自古到今，我国许多地方养金鱼已成习俗，人们乐此不疲，视养金鱼为高雅的业余爱好。它绚丽多姿，玲珑活泼，人见人爱。小小的一缸金鱼能陶冶情操，给人以美好享受。随着我国经济的发展，金鱼逐渐形成水产养殖中新的经济增长点。

我国饲养金鱼的历史已有一千多年。最早的史料为战国时期的《山海经》，其中记载有金鱼的故事，隋唐时期，得到发展，宋代时期，金鱼进入家庭化饲养阶段。16 世纪初，中国金鱼首先传入日本，17 世纪传入欧洲葡萄牙，18 世纪在欧洲广为流传，19 世纪传入北美洲，以后遍及世界各国。

野生鲫鱼是金鱼的祖先，金鱼在分类上与鲫鱼同为鲤形目，鲤科，鲫属。这种鲫鱼原产于亚洲，分布只限于中国、日本、越南等国。金鱼从野生鲫鱼演变为现在这样多姿多彩的观赏鱼，经过了相当长的变异过程，从而改变了原来的颜色、习性和体态。由原来单一体色变异为多种色彩；由原来的单尾变异为双尾；由短鳍、短尾变异为长鳍、长尾；由原来的侧扁体形变异为圆、短、宽、粗等多种体形；由原来游动迅速变为游动缓慢、行动笨拙。经过上千年的不断选育、变异，到目前中国金鱼已达 160 多个品种。

金鱼不但在国内家喻户晓，在全世界也有相当高的知名度，深受全世界人民喜爱。除满足国内市场外，金鱼还出口日本、韩国、新加坡、英国、意大利、西班牙、加拿大、美国等 50 多个国家和地区。

（一）分类

金鱼因长期选育、变异种类繁多，有时同一品种各地叫法却不同。分类法也多，有按体形分的、有按体色分的、有按变异特性分的。能得到普遍认同的科学的分法一般分为四大类，即龙种金鱼、文种金鱼、蛋种金鱼和金鲫种金鱼。每大类又含许多品种，每个品种经衍生变异后形成许多新品种。

1. 龙种金鱼

古往今来，这种金鱼被认为是金鱼的正宗，是金鱼典型的品种。自 1895 年传入日本后，一直被称为“中国金鱼”。突出特点是眼睛大而凸出于眼眶之外。除此以外一般头部扁平、身体短圆，臀鳍和尾鳍成双，长而大，胸鳍呈三角形，背鳍高耸，体色多为红、黑和红白杂色等。龙种金鱼品种繁多，一般人们较熟悉的、常见的有红龙睛、黑龙睛、紫龙睛、蓝龙睛、红白花龙睛等。

黄金墨尾龙睛

墨尾龙睛

2. 蛋种金鱼

蛋种金鱼生命力较龙种金鱼、文种金鱼强，生长速度快，是国际市场上的名品。蛋种金鱼突出的特点是无背鳍，这种金鱼完全脱离了亲本的性状与特征，体形宽、短而圆，整个身体近似蛋形，因此得名。蛋种金鱼也有好多品种，常见的有代表性的有水泡、狮头、绒球、虎头、丹凤、翻鳃、鹅头红等。每个品种又有各自分类，如水泡又分红水泡、紫水泡、银白水泡等。

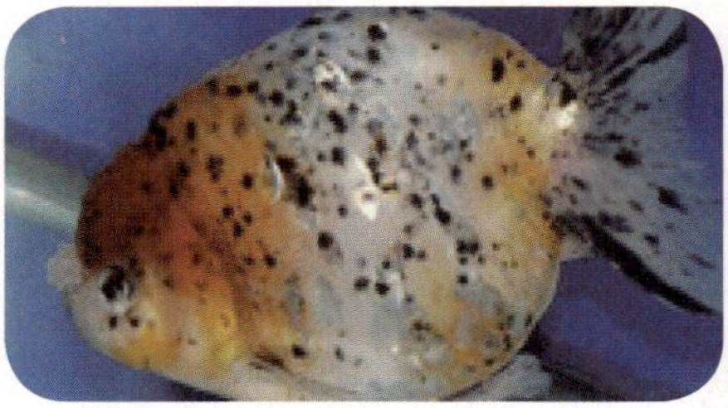
花蛋球

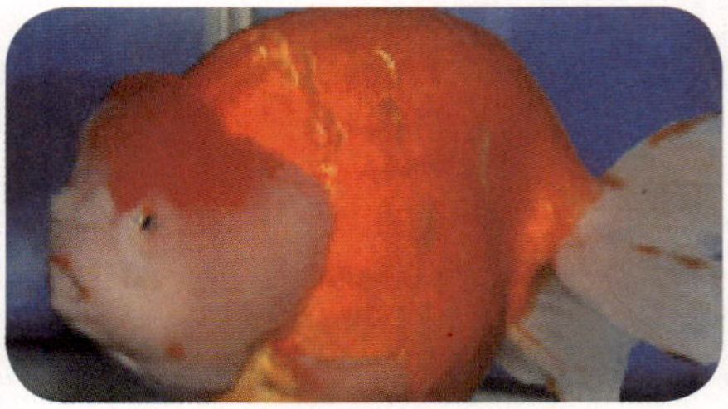
红蛋球

3. 文种金鱼

文种金鱼是出现较早的金鱼品种，出现在龙种金鱼、蛋种金鱼之前，是由草金鱼经过家化驯养和不断选种改良后演化而来，因其在水中的体形似“文”

字而得名。其体形短圆，眼睛和一般鱼类近似，全身各鳍均较发达，尾鳍分叉，体色多为红、蓝、紫、黄和多色杂斑等。文种金鱼同样有好多品种，代表品种有珍珠和高头，常见的品种有红高头、鹤顶红、黄高头、红高头翻鳃、红珍珠、白珍珠、杂色珍珠、五花绒球、玉顶帽子等。

索兰花文鱼

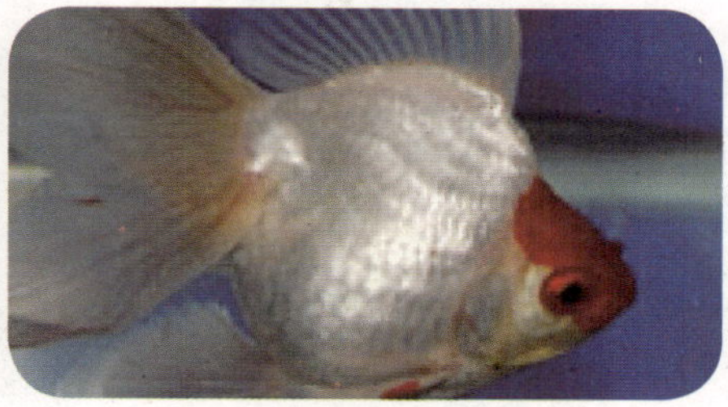
鹅高头琉金

4. 金鲫种金鱼

金鲫种金鱼又称草种金鱼，和普通鲫鱼类似，是金鱼的原始类型，相对来说欣赏和经济价值较低。金鲫种金鱼体质强健，游动迅速。尾鳍为单尾不分叉，有短尾和长尾。体色有红色、银白色、红白、花斑等。常见品种有红草、蓝草、红白草、五花长尾草等。

红白草

五花长尾草

（二）单品种介绍

1. 品种介绍

（1）龙睛：比较常见，容易养殖。龙睛体色多样，突出特点是具有两个巨大的眼球凸出在眼眶外面，像龙的眼睛，因此得名。常见的有红龙睛、黑龙睛、紫龙睛、蓝龙睛、蝶尾等。眼睛有灯泡、苹果、棋子三种类型。

紫龙睛

黑龙睛

蝶尾

红龙睛

（2）水泡：属名贵品种，比较娇嫩，饲养、管理、捕捞、运输要十分小心，不易养殖。分有背鳍和无背鳍两种类型，无背鳍的养殖量较大而且较常见。其水泡大，体态优美，眼球很小，而眼窝却很大，两眼的周围还有两个半透明水泡。有的水泡大如鸡蛋，有时连眼睛都包在水泡里面。在游动时一左一右两个大水泡晃动着，衬托着短而圆的身体和展开着双开大尾，飘飘荡荡的，特别引人入胜，观赏性极强。

红水泡

高头水泡

（3）珍珠：比较常见，但不宜运输（忌碰撞）。主要特征是鱼鳞中含有较多石灰质，鳞片中央凸起，鳞片排列得像玉米棒一样整齐，又有闪闪亮光，头尖如鼠腹，粗圆如皮球。鳞片容易碰落，虽能再生但较难恢复原样，使之失去观赏性。饲养、管理、捕捞、运输需仔细保护，防止鱼体与外界接触、碰撞。

红白珍珠鳞

彩色球形珍珠

紫珍珠

橙色凤尾珍珠

（4）鹤顶红：头顶红色，身体洁白，犹如白鹤，故称“鹤顶红”。其体色洁白，有银色的闪光，头顶红色方块肉瘤发达，盖及两眼眶的上部；有些鱼的鳃盖和嘴的两侧长有乳白色的肉瘤，两眼也被包陷在肉瘤中。眼睛乌黑明亮。全身各部位的鳍都很发达，背上的鳍又高又大，像是船上的帆；尾鳍为长长的四开尾，像是长裙。

鹤顶红

（5）绒球：由于鼻孔膜的变异，形成两个肉质的外沿凸凹不平的球状物，像绒球一样，因而得名。绒球大的像樱桃，有细长的肉茎，球体圆形，左右各一，很是好看。绒球分有背鳍和无背鳍两种。有背鳍的称为文种，体形较长，有敞开的大尾鳍，其外观给人以比较舒展的感觉；无背鳍的称为蛋种，体形短圆，眼睛很小，背部弓起，尾鳍也短。绒球中还有“四绒球”，是由绒球和高头杂交培育出的新品种，因头部长有四个由鼻孔膜变异而成的绒球而得名。背上有鳍，通身鲜红，富观赏价值。

四绒球

紫红绒球

（6）寿星：头上的肉瘤凹陷进去，从正面看，有些像老寿星特别发达的前额，因此得名。其特征是体形短而粗壮；没有背鳍，背部平直略弓，带有完美的生理曲线弯度；头部宽大，头部的草莓状肉瘤不但隆起丰满，而且嘴和鳃盖也被发达的肉瘤所包裹；尾鳍有大有小，体色具有多种。如红寿星、红白寿星、五花寿星等。

寿星

（7）望天睛：突出特点是瞳孔向上翻转，好像向天张望，因此得名。又称望天龙、朝天龙。其是龙睛的双眼球向上翻转90°角、背鳍消失的变异品种。其体形短而壮，呈圆蛋形；眼球突出于眼眶之外，眼圈晶亮无比；背部光滑平直；尾鳍很大且长，生有四开垂尾；体色有红、白、蓝、红白、五花等，如红望天、白望天、五花望天、蓝望天等。适合投喂漂浮性饵料，促使其眼睛向上看，从而保持它的特征。

红望天

蓝望天

(8) 琉金：又叫遍地黄金，突出特点是背部隆起，犹如单峰骆驼的背脊一样丰厚，体色鲜艳夺目，群养时在水族箱内如金粒浮动。其嘴上的额微微隆起，身短背隆，体质肥壮，鳞片有光泽，背鳍挺拔有力，尾鳍为双尾，鱼尾长度不超过体长，游动时尾部摇摆适中。

琉金

(9) 丹凤鱼：主要特征是体短、头平而狭窄、嘴尖、眼睛小，双臀鳍和尾鳍特别长、大，薄如蝉翼，在游动时尾鳍似轻纱、姿态美丽，很像传说中的丹凤尾，因此得名丹凤鱼。其体色多样，兼有红、白、蓝、褐、紫等色，虽不鲜艳夺目，但亦美态怡人，因此又称五花丹凤。

褐丹凤

紫丹凤

(10) 玻璃金鱼：是人们对软鳞金鱼的俗称。其最明显的特点是粗看上去鱼体上像没有鳞片，透明到连腹腔的脏腑都隐约可见，甚至有的连鳃盖也是透明的，鲜红的鱼鳃也看得清楚。其实，它们都是有鳞的，只是鳞、鳃盖下面没有鸟粪素，鱼鳞属软鳞，所以看上去像玻璃一样透明。玻璃金鱼的品种有玻璃龙睛、玻璃琉金、玻璃狮子头等。

透明文鱼球

以上只是简单介绍了常见的几个品种，除此以外，金鱼的品种还有很多，再加上不断培育出的新的杂交品种，因此金鱼的品种罗列不尽，介绍不完。

2. 品种鉴别小常识

（1）高头金鱼和狮子头金鱼：二者都属文种金鱼。高头金鱼早于狮子头金鱼，狮子头金鱼是由高头金鱼经选种培育而来。狮子头金鱼的特点是有背鳍，尾巴大，头部和两鳃上均长满发达肉瘤，使眼睛凹陷于肉瘤之中，形如狮头。而高头金鱼头顶肉瘤呈草莓状，虽也十分发达，但仅长在头顶，其两鳃上的肉瘤却不发达，不包含眼睛。这就是二者的主要区别。

（2）鹤顶红、红帽子和齐鳃红、鹅头红：这几种金鱼的共同点是周身银白，头顶中央有一块红色斑块。它们的主要区别是：

A. 鹤顶红属文种金鱼，有背鳍，而其他三者都属于蛋种金鱼，无背鳍。纯正的鹤顶红，不论是头顶的红色肉瘤，还是两鳃上的肉瘤，都比红帽子和齐鳃红发达得多。

B. 红帽子是齐鳃红、鹅头红的祖先，红帽子头顶正中红斑不规则，有的圆形，有的略方（又叫印章红），红斑有大有小，大的可红及整个头部。身长比其他三者稍长，有中等大小的尾鳍。

C. 齐鳃红是红帽子经培育后变异而来的。头顶红斑呈元宝形，人称“元宝红”，其头顶红斑很大，一直延伸到鱼鳃前部。其实，红帽子、齐鳃红同属一个品种，只是某个部位的特点不同全国各地才有不一样的称呼。

D. 鹅头红也是红帽子经培育后变异而来的。其头顶正中的红色肉瘤，特别是两鳃盖上的肉瘤十分发达，体形及尾部较短，头部比其他品种大一些，有“红头寿星”的美称。但是，纯正的鹅头红很少，是珍贵品种之一。

（三）欣赏和挑选

享有“水中牡丹”美誉的中国金鱼，以其五彩缤纷、千姿百态的游姿赢得越来越多人的喜爱。金鱼品种繁多，各种金鱼均有其独特的游姿和别具一格的特征，在购买时需掌握挑选标准和考虑欣赏价值。

1. 形态

形态上要求金鱼体形短圆，左右对称，品种特征明显。鳞片、鳍条整齐，无损伤或残缺；头尾匀称，鱼尾不平或尾巴歪长的不能要。无背鳍的，背部须光滑无棘，脊椎平直，尾柄处略有弯曲；有背鳍的，鳍条须挺拔如帆，尾鳍发达的文种金鱼，鳍膜应略显薄，游动时鳍宽大挺展，停歇时如长裙垂帘；尾鳍较短的蛋种金鱼，鳍膜显厚，鳍条分叉，呈四开尾，如尾鳍鳍背中间没有裂开就是残品。

头部是金鱼体态的重要部分，“狮头”和“虎头”头上肉瘤须浑圆。“狮头”的肉瘤凹凸不平，而“虎头”的肉瘤中须有隐约的“工”字形。“绒球”头前端一对突出的肉质小球须完整无缺。“鹤顶红”头顶的血红一块鹤顶与银白色的体色须红白分明。“堆玉”头上的正方肉瘤完整者为上，其中以紫色最为名贵。“水泡眼”头顶两侧的球状水泡须左右对称，无损伤，以完整透明者为上。“朝天龙”须双珠乌黑，整个眼球突出眼眶骨，且左右对称。珍珠鱼须头尖，体圆，形似皮球，鳞片外突。

红珍珠

兰寿

2. 色泽

金鱼体表的颜色是其优劣的重要标准，体色应鲜明、浓烈、艳丽。单色鱼以通身无瑕者为上；双色鱼要求色块分布符合常理，看上去顺眼悦目，具有美感。红色鱼要求全身通红，红得浓烈鲜艳；绯红色的不能要红黄色或黄色的；有的红色鱼颜色像胡萝卜色最不好。黑色鱼要求黑得深浓而色泽光亮，挑黑的不能要灰的或黑灰的。五花金鱼要求通身蓝底配以五色斑块，鳞光醒目。

红白蝶尾龙睛

3. 姿态

金鱼游动时，泳姿冉冉飘逸，尾鳍款摆，既洒脱平稳又优雅自然，舒展柔和、翩然如舞蹈，美姿万端，起落平稳垂直，不能歪扭于一侧；停歇时，尾鳍下垂，体态平衡，平稳优雅，不倒悬或侧仰。

极品蝶尾

极品蝶尾龙睛

4. 鳃盖

因品种不同表现多样，最常见的是普通型鳃盖，即和普通鱼鳃盖一样；其他还有透明鳃盖、外翻鳃盖（俗称翻鳃）和肉质鳃盖。

5. 体质

要求体质强壮，合群游动。离群独游的鱼一般是不健康的鱼，应从群落里挑选一边找饵一边贴池底游动的鱼。

“好花要有绿叶配”，金鱼在各种环境下的观赏效果是不同的。除欣赏金鱼色彩、形态、泳姿外，还应包括盛鱼的容器和配景，把赏鱼、赏器、赏景有机地结合起来，才能收到最佳观赏效果。如：色艳红、体斑斓的金鱼，宜置于景物低矮的水族箱中；色浅而素雅的金鱼，则应置于背景深邃、光照良好的环境中；体宽大、鳍条舒展、尾下垂的金鱼，置于大型水族箱中则更能显示其华丽。

（四）习性

金鱼是我国观赏鱼中的主要品种，其体态多姿，体色多彩，种类繁多，各有特色。

（1）金鱼性情温顺，活泼好动，饲养容易，喜群居生活，不争食打斗。适合家庭水族箱养殖。

（2）金鱼属温水性鱼类，不受低温限制，适温范围为 0.5 ~ 39℃，最适水温为 22 ~ 28℃。水温低于 5℃或高于 30℃时停止摄食生长，水温长期偏低或急剧变化时易患病死亡。

（3）杂食性，偏动物性饵料，喜食浮游动物、红虫等鲜活饵料，人工配合饵料也可摄食。

（4）要求水质清洁，养殖水体溶解氧不低于 3 毫克 / 升，pH 值为 5.5 ~ 9.5 都能生存，适宜 pH 值为 7.0 ~ 8.5 的中性或弱碱性水质。

（5）一年可达性成熟，体外受精，产黏性卵，有食卵习性。

（6）金鱼存活年限较长，可达 10 年甚至更长。但寿命长短受饲养条件、管理水平影响。

五花蝶尾龙睛

（五）繁殖

1. 亲鱼选择

（1）性成熟年龄：金鱼的性成熟年龄为 1 龄，1 龄金鱼就可作为繁殖用亲鱼，但 1 龄金鱼某些性状不稳定，对后代遗传不利。2 ~ 3 龄的金鱼体壮力强，性欲旺盛，遗传性状稳定，选作亲鱼最为理想。年龄过大，性功能衰退的老鱼一般不作为亲鱼。

（2）雌雄鉴别：雄鱼体形较长，胸鳍宽大，一般比雌鱼长、尖，第一鳍条粗壮而呈弓形，上有较多乳白色椭圆形晶状体，称为“追星”，繁殖期特别明显；仔细观察，肛门细长呈菱形；用手触摸腹鳍至臀鳍之间有硬棱。雌鱼体短而圆；胸鳍比较短小而柔软，第一鳍条上没有“追星”；肛门呈椭圆形并稍稍向外突出；用手触摸腹鳍至臀鳍之间无硬棱。

（3）种质选择：优良品种的金鱼可通过遗传将其品种特点遗传给下一代，所以要选品种特征明显、发育良好、鱼体健壮、行动敏捷的金鱼作为亲鱼。

良种金鱼体形优美、体色艳丽、性状突出。如：文种金鱼要求背鳍高大挺拔，体形短巧，尾鳍长而舒展；蛋种金鱼要求背部光滑无棘，尾鳍薄软而平展；龙种金鱼要求双眼突起圆而大，背鳍挺直，尾鳍长宽而平展；五花金鱼要求色彩艳丽、五彩缤纷、花斑清晰、分布均匀而遍布全身；高头金鱼要求头部肉瘤发育丰满。

（4）雌雄配比：自然繁殖时，原则上雄鱼多于雌鱼，雌雄比为 1∶1 ~ 1∶3，人工繁殖时雌鱼可多于雄鱼。

2. 繁殖前准备

（1）繁殖用缸：繁殖用水族箱的大小可根据亲鱼的数量而定，繁殖缸的水应提前暴晒并放置 3 ~ 5 天。因金鱼产黏性卵，在水族箱中应种植水草或放置棕片使卵粒黏附而不沉入水底，水草和棕片放入前需经严格消毒。

（2）亲鱼培育：将挑选后的亲鱼放入亲鱼培育缸同缸培育，饲养亲鱼要注意增加饵料中蛋白质的含量，最好多喂活饵，保证营养供应；水温 20℃左右并保持相对稳定以促进性腺发育；加强光照并延长光照时间；保证水体溶氧和水质良好。

3. 繁殖

（1）配种：想培育出优质金鱼，繁殖时配种非常重要。不能用良种鱼和非良种鱼搭配，同种之间应防止近亲交配，培育新品种需要不同品种之间杂交。

新品种金鱼是通过杂交、选育完成的，杂交的后代表现既有父系特征也有母系特征，但性状不是一次所能完全体现的，品种特色不一定稳定，需要对杂交后代不断选育、培养才能获得好的新品种金鱼。

（2）繁殖产卵：繁殖可采取自然繁殖和人工繁殖。繁殖用水一般偏碱性为好，pH 值保持在 8 左右，水温控制在 20 ~ 25℃。雌鱼产卵后要将亲鱼及时捞出单养，以免亲鱼吃卵。

4. 孵化管理

（1）孵化期长短：受水温影响。孵化温度当在 18 ~ 27℃，温度越高孵化速度越快，孵化出的仔鱼体质越好，正品率越高。孵化最适水温为 23℃左右，水温为 20 ~ 25℃时孵化只需 2 ~ 3 天；孵化水温高于 30℃或低于 8℃及水温变化剧烈时，易引起胚胎发育紊乱出现畸形鱼。

（2）孵化期间：胚胎发育受水温、水质、水中溶解氧、光照影响较大。水质应保持 pH 值 8 左右；适当换水，保持水质清洁卫生并保持溶氧充足；水位应稳定。孵化期要及时清除孵化缸内的卵膜，防止仔鱼死亡。

（六）幼鱼培育

1. 喂养

金鱼幼鱼的喂养同长尾彩鲫（见 123 页）。

2. 养殖管理

鱼苗培育阶段应保持水中溶氧充足，水温稳定，水质清新。鱼苗产下的 5 ~ 7 天最好不要换水，以后可根据水质状况及时换掉老水加入新水，换水量不宜过大，每次换掉 1/4 ~ 1/3 即可。加入的新水要经过晾晒，温差不超过 0.5℃，养殖鱼苗水温保持在 25℃左右。室内培育要保持足够的光照，室外培育应注意避免日光暴晒，为鱼苗遮阴。随着鱼体增大要及时分稀鱼苗降低养殖密度，保持合理的生长空间。

3. 生长与变色

鱼苗期养殖管理的好坏直接影响到体色转变，体色随着鱼苗不断长大会逐渐显现并保持稳定。刚孵出的鱼苗身体透明，长到 30 天左右，白、青等色素点出现，一般 4 ~ 5 个月内完成变色过程。变色与水温、水质、光照、饵料和遗传密切相关。光照直接影响到鱼苗的变色程度，露天池养殖的金鱼一般变色较好，水族箱养殖的金鱼因灯光较弱变色不如室外池理想；变色和水温高低成正比；多喂鲜活饵料、加强喂养有利于体色转换；养殖用水不宜过于清澈，否则影响体色，最好能加入一些绿水。

4. 挑选

挑选是养殖金鱼过程中的重要环节，多集中在育苗阶段，随着鱼体生长经多次挑选，剔除残鱼后才能选出良种金鱼。挑选还应尽早进行，及早剔除残鱼，一般挑选分 4 ~ 5 次进行。第一次，金鱼体长 1 厘米时，淘汰单尾鱼；第二次，鱼体长 2 厘米时，淘汰不具四尾的鱼；第三次，各鳍发育完整时，保留各鳍发育良好的鱼苗，无背鳍的需体背光滑无棘，若有残缺或畸形要淘汰；第四次，鱼体长 4 ~ 6 厘米时，品系特征已清晰可辨，依据各品种特征进行挑选；第五次，鱼体长 6 ~ 8 厘米时，体色发育基本完成，以色泽挑选为主。

（七）养殖管理

金鱼性情温顺柔弱，游动缓慢显得温文尔雅，抢食、自卫和逃逸能力较弱，因此不适宜和其他观赏鱼混养，金鱼喜群体生活，一般进行金鱼专养。

室外、室内均适合金鱼养殖，室外养殖适合小面积的水泥池，适宜水深 25 ~ 30 厘米；室外也可用容器养殖，池壁或容器壁应光滑，以免擦伤鱼体。室内养殖一般养在水族箱中，水族箱中宜种植水草造景，配备照明灯、过滤器、充气泵，冬季可选择使用加热棒。

1. 新购金鱼放养

新购买的金鱼不宜直接放入已养有金鱼的养殖缸中，应先采取隔离喂养观察，并采取消毒措施，养殖几天后如没有鱼病方可移入原已有金鱼的养殖缸中喂养。

金鱼在水族箱中的放养密度宜少不宜多，如在 30 升容积的水族箱内，可养 5 ～ 7 厘米的金鱼 6 ～ 8 尾，具体放养量可按每立方米水体饲养 7 厘米以下的金鱼 180 尾计算。鱼体身长超过 8 厘米的金鱼不宜在小型水族箱中饲养，并需要配充气设备。放养密度还要看水温、水质、鱼体大小综合确定。

2. 养殖用水

饲养金鱼用水可选择井水、河水、湖水、自来水。金鱼最忌生冷水，所有新取的生冷水最好先放在盛水的容器里晾晒或静置 2 ～ 3 天（经晾晒过的水称为熟水），使水中杂质沉淀并除去自来水中的氯气，待水温升高再使用较好。金鱼养殖场一般都建有晾水池，专供将新水处理成熟水。如果急用自来水时，要按每立方米水体加入 2 ～ 3 克硫代硫酸钠（大苏打）除氯。

3. 投喂

金鱼喜食红虫、丝蚯蚓等动物性鲜活饵料，也可摄食植物性饵料和人工配合饵料，单喂植物性饵料不能满足其正常生长所需营养，人工配合饵料若营养充分可长期投喂。正常生长期每天投喂 2 ～ 4 次。家庭水族箱养殖仅为了观赏，则适合每天投喂 1 次，每次投喂宜少不宜多，始终让金鱼保持饥饿感。

4. 水质

养殖用水适宜 pH 值为 7 ～ 8 的中性或弱碱性水，水中溶解氧保持 3 毫克 / 升以上。金鱼适合藻类丰富的肥水，因此金鱼养殖不适宜频繁换水，以维持老水保持水质肥、活、爽为好，在水质稳定的情况下尽量减少换水次数。换水时要维持水温相对稳定，室外养殖水温不宜超过 30℃，室内养殖水温保持在 22 ～ 25℃。

5. 换水

换水的目的是为了使水质保持良好，使金鱼生活在舒适的环境中。在幼鱼期勤换水可加速金鱼变色，但在成鱼养殖中换水过勤则会引起金鱼褪色，家庭水族箱养殖金鱼可每两周彻底换水 1 次。换水时应刷洗水族箱，刷洗水族箱的同时将鱼放入浓度为 3% 的食盐水中浸泡 3 ～ 5 分钟消毒防病，也可根据鱼的耐受情况灵活掌握浸泡时间。

生水过冷突然注入水族箱，易使金鱼炸鳞死亡；即使是熟水，也不宜一次彻底换完。换水时要严格掌握水温情况，新、老水的温差不得超过0.5 ~ 1℃。否则，金鱼容易受到刺激而发病，甚至导致死亡。换水时间夏季宜在早晨7 ~ 8时，春秋季在上午9 ~ 10时，换水时最好将金鱼排泄物和残饵连同脏底水用排污管吸出，然后再用熟水补够排出的水量。

6. 光照

光照在日常管理中很重要，尤其是植有水草的水族箱。为了很好模拟自然光，必须严格控制光照强度与时间。可通过打开灯具的时间来控制光照强度，每天保持8 ~ 10小时的照明时间，并相对固定开关灯的时间，保持一定的规律性。光源以选择植物灯管照明为宜。

7. 室外养殖夏季管理

夏季气温高、光照强烈，一要防止缺氧死亡，二要防止鱼鳍尾部感染腐烂（俗称烫尾）造成残疾。可在池中配置气头增氧和搭设遮阳棚，在光照过强时遮挡强光；夏季每天要清除水中污物，补充新水，换水次数要勤一些，一般3 ~ 5天换水1次。

8. 室外养殖冬季管理

冬季天气寒冷，因金鱼养殖池水位太浅需移入室内养殖，或放入深水池塘自然越冬。冬季可1个月左右换水1次。

9. 室外养殖春季管理

金鱼经过越冬体能消耗很大，体质较弱，加之春季气温不稳定易患多种疾病。除加强喂养增强体质外，还要做好病害预防和治疗，特别是春季水温正好适合水中某些危害金鱼的寄生虫和细菌繁殖，容易使金鱼患小瓜虫病、水霉病、烂鳃病，在转池或销售时要倍加小心。要勤观察鱼的摄食和活动情况，发现病鱼及早隔离和治疗。

10. 后备亲鱼培育

每年秋季筛选不同品种的后备亲鱼，精心培育，进行鲜活饵料喂养，在温室越冬期要格外精心护理。越冬期要提高水温，强化培育，保持亲鱼旺盛的食欲；投喂优质饵料，并确保光照，促使亲鱼性腺发育。即使水温较低

（水温接近 10℃时），对亲鱼也应注意适当投喂饵料，防止消耗体内营养成分，对性腺造成不良影响。初春，随着气温升高，做好水质管理，投喂鲜活饵料，保证充足溶氧量，促使亲鱼的性腺充分发育成熟，恢复体质，为繁殖后代做好准备。

11. 注意防病

金鱼流行性疾病较多，易患疾病。由于水体和饵料中各种病原体的侵袭和寄生，或人为管理不当及机械性损伤，会引起局部病变，甚至死亡。因此，预防金鱼发病是根本，平时应加强饲养管理，创造适宜金鱼生长的良好环境，增强金鱼体质，增强对疾病的抵抗能力。

以上是各种金鱼通用的基础养殖技术和管理，但金鱼品种繁多，对于不同的特点在养殖管理过程中需要有针对性地区别对待，采用不同的管理措施。比如：望天睛，在喂养时最好使用漂浮性饵料，使其眼向上看，避免使用沉性饵料引起眼睛变异。珍珠和水泡的养殖池要求池壁光滑，避免擦伤鱼体，饲养密度要稀而不要密，操作、运输要小心，避免碰坏水泡、碰掉鱼鳞。

十二、锦鲤养殖与欣赏

凡体表具有色彩、斑纹供人们观赏的鲤鱼统称为锦鲤。锦鲤属于生活在亚热带和温带地区的温水性淡水鱼，生存温度为 0.5 ~ 40℃，最适温度为 18 ~ 26℃。在生物分类上属脊椎动物门，硬骨鱼纲，鲤形目，鲤亚目，鲤科，鲤亚科，鲤属。

锦鲤

关于锦鲤的起源，有人说起源于日本，也有人认为起源于中国，还有人认为起源于东亚。无论锦鲤起源如何，它是从日本发展和兴盛起来的，是日本的国鱼。1973 年，日本首相田中角荣曾将一批锦鲤作为吉祥物赠送给我国；1997 年，日本知名对华友好人士平泽要作先生向中国人民赠送108条日本锦鲤。现在锦鲤已经成为风靡世界的一种高档观赏鱼，被称为“会游动的艺术品”。

在我国古时候，锦鲤叫红鲤鱼，那时就被认为是风水鱼。据文献记载，锦鲤的祖先是我们常见的食用鲤鱼，锦鲤是鲤鱼的一个变异品种，由于环境变化引起体色、体形变化而成为“锦鲤”。日本的锦鲤就是由我国传入的，日本锦鲤的历史已有两百多年。日本的锦鲤最早出现在1804 ~ 1829年，19世纪初，日本贵族将这种色彩鲜艳的锦鲤移入庭院的鱼池中供观赏，由于这种鱼与当时自然生长的鱼不一样，有点儿神秘感，被人们称作“神鱼”“贵族鲤”，后来在民间开始流传，才有了锦鲤的名字。锦鲤平均寿命可达70岁，又称长寿鱼，人们把它看成是吉祥、幸福的象征。

锦鲤经过两百多年的人工选育和杂交，到今天已培育出13大类126种，其中以红白锦鲤、大正三色锦鲤、昭和三色锦鲤为最具代表的品种，被称为“御三家”。其他有白写、别甲、浅黄、秋翠、衣、变种鲤、光泽类、光写类、花纹皮光鲤、金银鳞、丹顶共13类。这几年又杂交出了龙头凤尾锦鲤——龙凤锦鲤。1983年广州金涛企业有限公司把世界上流行的日本锦鲤引进我国，首先在广东等地掀起了锦鲤热。

（一）欣赏

1. 红白

白底上有红色斑纹的锦鲤称为“红白”。它是锦鲤中最具代表性的品种之一，有“始于红白而终于红白”一说。显著特征为白色肌肤背部左右有匀称圆润的红色斑块，白的雪白，红色浓而鲜红，雪白衬托出红质的优美，让您享受红白相间的美妙。

三段红白

2. 大正三色

锦鲤的代表品种，是在日本大正年间培

育出来的品种，体色有红、白、黑三种颜色，所以称“大正三色”。体色在红白的基础上有墨斑，墨斑在白底上出现，但不能进入头部，胸鳍有放射性墨纹，让您看到红、白、黑的巧妙搭配。

3. 昭和三色

锦鲤的代表品种，是在昭和年间培育出的红、白、黑三色品种，体色以墨色为底色，全身分布白色、红色斑块，头部有墨斑。

山形大正

昭和三色

4. 白写

白色的底色上有大块的墨斑，白的雪白，黑的墨黑，尽显豪迈气魄。

5. 别甲

大正三色去掉红斑，称为“白别甲”，白色底，背部均匀分布小块墨斑，犹如一块块甲片。

白写

白别甲

6. 浅黄

浅黄

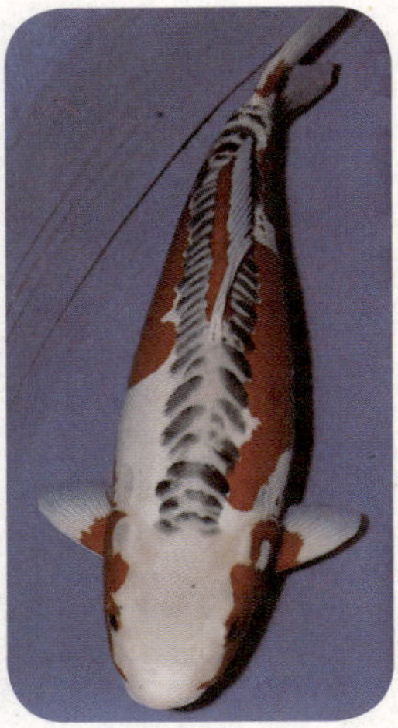
秋翠

本品种背部浅蓝色，有清晰的鳞片网纹，背部就似披了一件白色的网状紧身衣。口、鳃、眼睛具红斑，胸鳍、尾鳍、侧线下腹部红色或橙黄色。

7. 秋翠

秋翠是浅黄和德国镜鲤杂交品种。其背部和两侧侧线各有一排排列整齐的蓝色镜鳞，翠蓝色的背部就像秋天的天空，头部、侧线下腹部与浅黄一样为上品。

8. 黄金

本品种全身包括各鳍全部是黄金般的颜色，体色单一，因此得名“黄金”。

9. 白金

本品种恰如其名，全身被银白色所包裹。

10. 衣

本品种红白的红斑上每一片鳞片上都有墨，好像穿了蓝或黑的衣服，故称之为“衣”。

黄金

白金

蓝衣

11. 丹顶

本品种全身雪白，仅头部中央有一鲜红色的红斑；红斑要求前不到吻部，两边不过眼，后不出头盖骨，斑块以圆形为极品，让人感受鬼斧神工、大自然造物之妙。

丹顶

落叶

12. 金银鳞

本品种体表的鳞片有多棱反光面，闪闪发光，就像镶满钻石一样。有金银鳞红白、金银鳞大正、金银鳞昭和等。

13. 落叶

落叶为锦鲤的原始品种，体色为蓝紫色，身上有茶褐色如落叶一样的斑纹。

14. 龙凤锦鲤

本品种有着独特的外形——龙头凤尾：头形似龙头，鱼须四条，长而威武，鱼的鼻头开花且龙须环绕，鱼头摆动如龙啸山摇，霸气逼人；尾鳍长似凤凰尾，鳍、掌均像古代大将的战袍长大而宽，舞动时，刚中带柔，粗中有细，志在千里；尾部宽且散长，摆动时极像凤舞于天，吉祥如意，为生活增添富贵灵气。

龙凤锦鲤

（二）鉴赏

锦鲤由于其五彩斑斓的体色、雄健的泳姿、硕大的体格被称为“会游动的艺术品”“淡水观赏鱼之王”。锦鲤的魅力还在于它的斑纹，每一条锦鲤都是世界上独一无二的，也是当今世界上观赏鱼中身价最高的品种之一。从1983年至今，锦鲤的身影已遍布全国各地，特别是2001年开始了全国性的锦鲤比赛，养殖、欣赏、品评锦鲤的热潮正在全国范围内兴起。

在观赏鱼市场上，您会看到有的锦鲤几元钱一斤（500克），而有的锦鲤要几万元甚至几十万元一尾，到底什么样的锦鲤才是好锦鲤，才是锦鲤中的极品呢？一条真正的好锦鲤，是有很恒定的标准的。国内首次进行比赛的时候要请日本人担当裁判，但随着国内锦鲤业者的不断学习和努力，现在也基本掌握了锦鲤的鉴赏标准。

目前，锦鲤大赛中评判锦鲤的标准为（以100分计算）：体形占40分，质地占30分，花纹（模样）占20分，游姿占10分。也就是说一条高品质的锦鲤，必须具备以下几个条件：良好的体形，优良的质地，匀称的花纹，优美的游姿，硕大的体裁。

1. 良好的体形

在鉴赏锦鲤中，备受重视的是体形。没有良好的体形，花纹再好也不会是一条优秀锦鲤。那么怎么去鉴别体形呢？按规定要从头部到尾部细看。

首先头部要看锦鲤两眼之间的距离，两只眼睛之间的距离是否够宽，一般两眼相隔距离较宽的锦鲤通常都会长得比较大型；接下来，吻要厚一点，吻薄的锦鲤想要养成大型鱼是很困难的；最后要注意的是两边的脸颊是否平均丰满，头顶一定要饱满。接下来是胸鳍，胸鳍会因锦鲤品系不同而有不同的形状，原则上太小、太尖或三角形的胸鳍都不算好；身体从胸鳍到尾柄这一段体形一定要很顺畅，没有突然凸起或凹陷。尾柄粗壮，从尾柄也可看出一尾鱼的体格和发育是否良好，由上往下看，鱼体要有适当的宽度之外，也一定要有适当的侧高。最后是尾鳍部分，尾鳍虽然很薄，但还是要让人有深厚有力的感觉，尾鳍长度不能过长。总之，良好的体形是优质锦鲤的基础，有良好的基础才能寄望培育出一条优秀的锦鲤。

德国突白乌鲤

2. 优良的质地

锦鲤作为观赏鱼，体色就是观赏的一个重点，而这些体表颜色的质量，就理所当然地成为鉴赏优质锦鲤的一个重要标准。

如何去评定体色质量的好坏呢？标准是色纯、浓厚且油润。如果色不纯，有杂色，就不是高品质的颜色；色薄且浅，就很难体现其艳丽。有些色斑虽然色纯而浓厚，但在色斑中露出底色（俗称“开天窗”），同样也不能称为好的色质。色质油润，会发出闪亮的光泽，色浓厚而显油润，则更显其色彩艳丽。

3. 匀称的花纹

锦鲤是观赏性鱼类，花纹分布的好坏会直接影响其观赏效果。

五色

首先要看整体，整体的花纹分布要匀称，也就是说花纹分布不能集中在某一处或某一边，而其他部位没有或仅有太少斑纹，这样的花纹不是好的花纹。除了整体的花纹分布匀称外，还要在观赏重点处有特色，这样才会显出它的个性特征。除了头部和肩部以外，在尾柄上的花纹也很重要，一条花纹分布很好的锦鲤，如果在尾柄部没有一处很好的收尾色斑，就等于没有了结尾，也是不完美的。

4. 优美的游姿

锦鲤是“会游动的艺术品”，它的游姿就必然成为鉴赏的条件之一。游

锦鲤群游

姿是否优美顺畅，是否健硕有力，则是鉴赏的一个标准。如果锦鲤在水中游动时，身体歪扭，像蛇游动，或经常是侧着身体在游动，这样的游姿是不合格的。要看它的胸鳍划动是否有力，停下来是否表现出软弱无力，尾柄摆动是否适中。动作太小，显得软弱无力，不能体现出锦鲤的健硕有力的一面；如动作太大，就显得有些夸张而不协调。

游姿

5. 硕大的体裁

在欣赏锦鲤中，体裁的大小虽然不能算一项非比不可的条件，但在实际欣赏中，硕大体裁的锦鲤往往会更吸引人们的注目，会更能体现出锦鲤健硕有力的游姿。

如果有以上四方面的优点，再加上硕大的体裁，就更能体现出它“会游动的艺术品”的优势，观赏起来就更令人心旷神怡了。

近年来，随着人民生活水平的提高，人们对居住环境的要求也越来越高。目前，在我国南方的广东、福建、江浙一带，在公园景点、居住区花园、小游园、街头绿地、庭院、别墅出现了很多水景园，有假山、瀑布、叠水、涌泉、喷泉，有小桥流水、奇木异草、亭台楼阁，锦鲤在清澈透明的水中游弋，构成了一幅幅活泼生动的水、景、鱼生态景观。

（三）锦鲤之“家”

1.“家”的种类

由于锦鲤适应环境的能力较强，所以它可生活的“家”有很多。花园或野外的池塘可称得上锦鲤的“大家”，成千上万尾锦鲤在其中群游群嬉，其景象颇为壮观。一个 1 ~ 2 平方米的玻璃缸可以说是锦鲤精致的“小家”，八九尾鱼游于其中，另有一番美景。在我国，由于受住房条件的限制，多数锦鲤爱好者采用这种养鲤方式。如果把锦鲤的家安置在房屋角落或花园一隅的鱼池里，这将是锦鲤“最大的享受”，因为鱼池既可以给锦鲤提供较大的活动空间，又很适合主人欣赏。同时，一家人坐在池边“品茶评鲤”，是何等惬意之事。

2.“家”的营造

锦鲤主要观赏其背部的斑纹、游姿等，要从上往下看，因此锦鲤的“家”一般以庭院锦鲤池为佳。建造锦鲤池的方法有两种，一种是在地面挖好池子形状，铺上 PVC 防渗布；另一种简单牢固的办法是建造水泥池，经久耐用。其实，无论是水族箱或是鱼池，只要掌握了过滤系统的原理，就可以自己设计过滤系统，然后根据个人的喜好和现有条件设计“家”的外观。但要提醒的是，鱼池无论怎样设计，最好都要请专业人士评估一下再施工建造，这样比较保险。

锦鲤之家

水族箱中的过滤装置比较简单，前面讲的水族箱过滤系统就可以满足水族箱养锦鲤的需要了。鱼池相对复杂一些，因为锦鲤池一般设在室外，要想达到水质清澈见底的观赏效果，过滤、排污系统的科学设计是关键。下面我们就从锦鲤池的设计原理开始，谈谈锦鲤之“家”的营造。

（1）设计原理：见图 6.1。

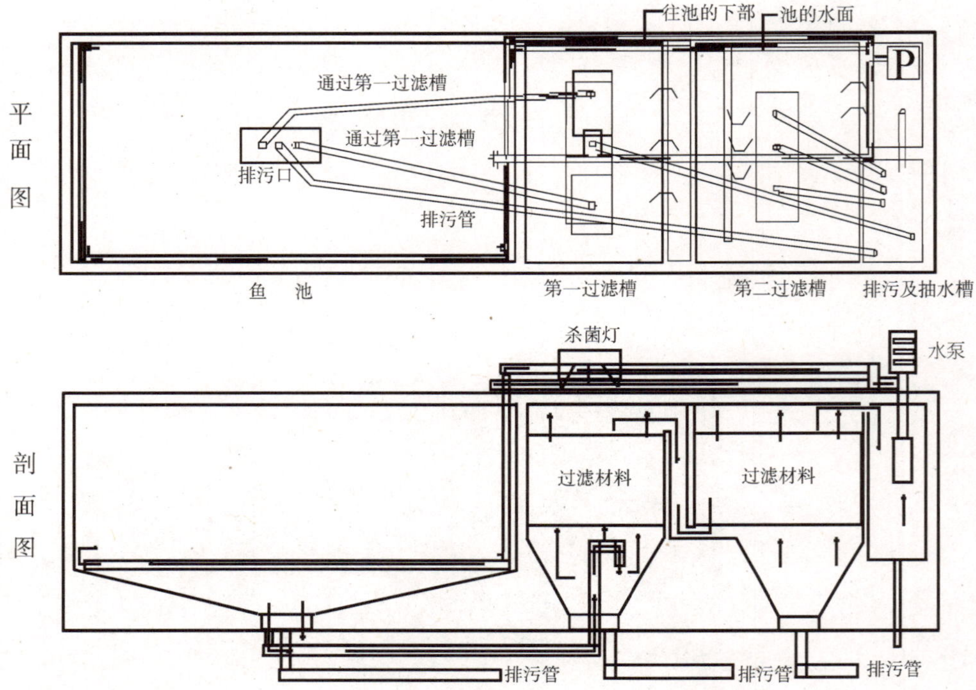

图 6.1　锦鲤之“家”平面图与剖面图

（2）锦鲤池的面积：原则是应尽可能大，水量越多，水中的氧气量也越丰富，水温的变化也较慢；水面大，风吹过水面，空气中的氧气溶入水中也越多。一般养锦鲤的，一开始很多都是先从小锦鲤养起的，积累几年的经验，小锦鲤也长大了，才渐渐懂得了大锦鲤的魅力。为了避免后悔当初没有建个够大的锦鲤池，那么请您一开始就建个大的鱼池。

（3）锦鲤池的深度：俗话说“深水养大鱼”，因此合适的面积还要有一定的深度。曾有人说建锦鲤池要达到“饲养锦鲤三倍的深度”，也就是养 1 米长的锦鲤，就得 3 米深的池。一般锦鲤池的深度要根据面积和地点来定，在较空的空地上，尽可能不要少于 1.5 米；在一般的庭院里，不要少于 1 米。

（4）锦鲤池的形状与造景：锦鲤池的形状，整体要呈圆形或椭圆形，底

锦鲤池

部锅底形，中间排水，这样可以形成最科学的排污系统，池中水全部经过滤系统循环，达到排污、过滤、保持优良水质的最佳效果。

“红花还要绿叶配”，因此锦鲤池周围应有假山、亭台、小桥、石头、园林小品等，更重要的还有水边植物，与水、景、鱼相得益彰，相互衬托，形成安宁、丰富、别致的水景锦鲤园。

（5）过滤系统：完整的过滤系统不仅能除去水中悬浮物和藻类，保持水质良好、清澈见底，还能通过滤材上的硝化细菌分解水中的有毒、有害物质，如由残饵、粪便形成的氨氮、亚硝酸盐、硫化氢等。过滤系统包括过滤池和过滤材料，过滤池一般由 2 ~ 3 个沉淀槽组成，首先由锦鲤池中间底部水经水管流入第一个沉淀槽底部，第一次沉淀过滤溢流到第二沉淀槽，以次类推，最后由循环泵将过滤水再抽回锦鲤池，循环不止。养殖过程中，应定期打开沉淀槽排污口，以便排出颗粒大的残饵、粪便等，这是保持水质良好的主要方法。过滤池的大小一般占锦鲤池的 1/5 ~ 1/3；过滤池面积越大，过滤效果越好。过滤方式有以下几种。

1）物理过滤：是利用各种过滤材料将水中的尘埃、悬浮物、树叶等除去，以保持水的透明度的过滤方法。常用的过滤材料有沙石、珊瑚粒、生化棉、密眼尼龙网等，通过这些材料，用物理的方法滤除食物残渣、排泄物等，

达到净化水质的目的。

2）化学过滤：是利用滤材将水中对鱼类有害的各种离子化合物以吸附法除去的过滤方法。一般滤材有活性炭、麦饭石、贝壳、离子交换树脂及化学药物等，这种方法需经常更换材料。

3）生物过滤：是通过滤材作为载体培养硝化细菌，将鱼的排泄物、残余饵料等所产生的含氮有机物或氨，通过氧化处理的方法，达到澄清水质的目的。滤材主要有生化球、毛刷、藤棉等表面积大、硝化细菌易于附着的材料，这种方法效果很好，只要定期简单冲洗滤材即可。

4）植物吸收：利用水生植物生长、吸收将鱼的排泄物转化，达到净化水质的作用。一般可利用浮萍、睡莲等，它们的根系发达，还能吸收水中的铁和农药等。

5）混合过滤：是指将物理过滤、生化过滤等合为一体的综合过滤方法。通过物理和化学的方法将水中的残饵、排泄物、污物过滤、分解、硝化，使水质达到最理想的状态。目前较常用的有两种，滴流式过滤和溢流式过滤，滴流式过滤占地少、费用低，但效果相对差，常还是以溢流式过滤为主。溢流式过滤装置包括：

A. 循环泵：是一种无扬程低功率的水泵，功率 15 瓦、50 瓦、100 瓦，流量能达到每小时 2 吨、15 吨、50 吨，简单耐用，非常方便。一般以每小时更换池水 2 ~ 3 次为宜，25 立方米 (25 吨) 的水体用一台 100 瓦的循环泵就够了。若水体大，可以安装两台或更多。

B. 紫外线杀菌灯：放置在经过滤池处理后重新回到锦鲤池之前的地方，能够有效地杀灭细菌和藻类，保持良好的水质和池水清澈。

C. 生化毡：适宜作为中上层铺设材料，具有良好的挂膜特性，提高硝化细菌的附着与生长。

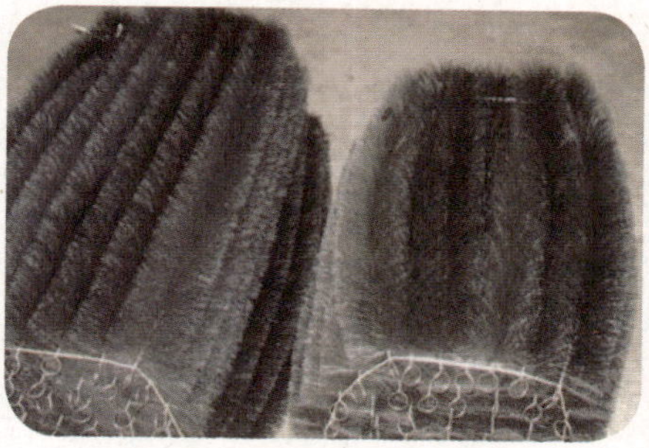
过滤毛刷

D. 过滤毛刷：适用于中大型过滤池，作为中层铺设材料。疏水性能好，可较大面积吸附水中悬浮物，并促进硝化细菌的生长，从而达到生物和物理过滤作用。

E. 生化棉：可较大面积吸附水中较大颗粒的杂质，并促进硝化细菌的生长，从而达到生物和物理过滤作用。

F. 活性炭：具有褪色和除臭功能，能有效吸附水中的氨氮、亚硝酸盐等有毒有害物质，但在使用鱼药消毒治病时应取出活性炭，因其强大的吸附作用，可影响药物效果。

G. 麦饭石：为外灰内白的结晶矿石，表面密布细小的孔，既可过滤又便于硝化细菌的生长，可吸附氨氮等有害物质。

生化球

H. 生化球：由于表面积较大且多孔，适合硝化细菌的附着和生长。

I. 陶瓷环：硝化细菌的生活场所，起到生物过滤作用，主要用于水族箱中。

J. 沸石：表面密布细孔，是硝化细菌的良好温床和强力的吸氨材料。

陶瓷环

K. 增氧泵：其作用是给水体打入空气，让水跟空气充分接触以补充氧气。

（6）检疫隔离池：对于第二次购买或补充的新鱼，最好能经过隔离检疫。隔离设备可在较小的空间建一个最佳的鱼池环境，面积有 2 ~ 3 平方米就足够了。一般是采用砖石结构的地上水泥池，安装一个桶式外置过滤器即可。

（7）建池注意事项：

A. 地基必须夯实，砖墙可用钢丝网加固，灰浆要饱满。

B. 进排水一定要用优质材料，排水管直径要大，能达到快速排水的效果。

C. 鱼池的内壁一定要光滑，边角要呈圆形，不能有死角。

D. 水面到池顶的高度要大于 20 厘米，防止鱼跳出来。

（8）新池处理：

A. 除水泥碱：新池注满清水，每吨水加入冰醋酸 1 千克，用普通水泵运行一周左右，使水泥中的碱溶入水中与冰醋酸中和。然后将水排出，再用清水连续冲洗鱼池 2 ~ 3 次即可。或者在池内壁刷一层保护漆，同样可以达到尽快使用的目的。通常涂成蓝色或绿色，这样可以增加观赏效果。

B. 安装：在过滤池中放置各种滤材，安装循环泵，然后加满清水，并每吨水加入 5 千克粗盐，启动水泵运行 3 ~ 5 天。

C. 试水：先放入普通锦鲤试水，但必须用 5% 的食盐水浸泡普通锦鲤 3 ~ 5 分钟消毒后才能放入，经过观察，如试养锦鲤健康、抢食积极、色彩艳丽，此时就可以放养您的锦鲤啦！若有条件，可以对水质进行检测，保持 pH 值为 7 ~ 7.5，溶氧量为 5 ~ 8 毫克 / 升，氨氮小于 0.01 毫克 / 升，这样就完全放心了。

（9）养殖工具：尼龙网，大、中、小捞网，鱼盆。

（四）选购与放养

1. 锦鲤的分级

目前我国市场上的锦鲤主要分三类，第一类为日本进口，质地优良、花纹很美、价格高。第二类是从日本引进原种，然后再选出优秀种鱼繁殖的锦鲤，质地、花纹有好有坏，价格差别很大。第一、二类统称为日本锦鲤。第三类是国内养殖场利用普通锦鲤培育出的后代，质量较差，价格便宜，挑出极个别相对好的，余下的一般论斤销售。

（1）特级（A 级）：锦鲤中的极品，万里挑一，体形、质地、花纹均一流，看后让人爱不释手，可长时间欣赏品味。

（2）高级（B 级）：精品锦鲤，不仅体形一流，质地极佳，而且花纹漂亮，可让人充分发挥想象力，如长大后会不会有潜力等。

（3）优质（C 级）：体形优秀、质地较好，花纹平衡，组合良好；优点很多，缺点很少或没有。虽然耐看，但没有想象空间。

（4）标准（D 级）：体形正常，质地一般，花纹有头有尾、左右平衡，但没有突出的优点，还会有一些缺点。

（5）普通（E 级）：体形正常，但花纹没有美感，花纹有头无尾或无头有尾，或左右不平衡，或虽有花纹但缺点很多。

（6）淘汰（F 级）：是全红或全白或花纹极少（单色品种如白金、黄金除外）。

2. 锦鲤的选购

每尾锦鲤都有可爱之处，关键是自己喜欢。买自己喜欢的锦鲤必须到有信誉的专业锦鲤养殖场或专营店，这样的商家资金雄厚，技术力量强，相关的售后服务也能跟上。选购锦鲤要根据自己鱼池容积大小选择适当规格、数量的锦鲤。一般选择天气晴朗的日子去选购，阴天时容易缺氧，使鱼抵抗力下降，经运输到新环境易患感冒或其他疾病。最好选择上午 10 时到下午 3 时选购，此时光线充足，能让您准确看清鱼体的色彩和身上的不足。对一些先天不足、异常或病态的鱼不要购买——会让您后悔或鱼体带病造成更大的损失。

锦鲤挑选

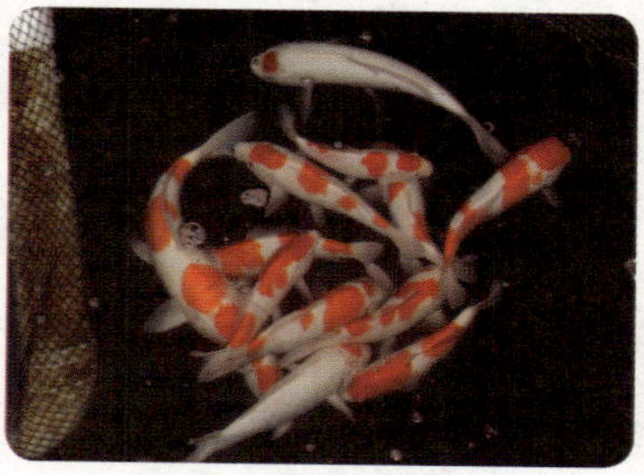

锦鲤选购

3. 锦鲤的放养

当您从锦鲤养殖场或水族店买回锦鲤后，必须先将鱼连同氧气袋一起放入鱼池中浸泡 20 ~ 30 分钟，等内外水温一致时打开氧气袋将鱼倒入消毒盆中，然后慢慢加入池水，同时舀出部分盆内水，一段时间后按照盆中水体重量的 5% 加粗盐浸泡 3 ~ 5 分钟（视鱼的耐受力而定，灵活掌握），以杀菌灭虫，阻断病源，再轻轻地放入池中。消毒水要倒到外面，不准倒入池中。一般新进鱼要等 2 ~ 3 天后再开始少量喂食。

（五）饵料

锦鲤专用料

优质的锦鲤要喂以锦鲤专用鱼粮，其营养全面、适口，具有良好的浮水性和耐水性，且不污染水质。目前，专业的锦鲤饵料生产厂家都有锦鲤饵料系列产品，分为育成、增艳、胚芽、速长和色扬五个种类。每种产品均有不同的粒径，适合大小不同的锦鲤食用，还分不同的重量规格。育成、增艳和胚芽属于基本饵料，可作为生长期的每天饵料，速长和色扬属于特殊阶段的饵料，分别在迅速增长或激发着色时选用。增色主要原料为天然螺旋藻，效果非常好。

（六）养殖管理

在养殖锦鲤的过程中，日常管理工作非常重要。给锦鲤一个优良的生活环境，提供优质的饵料，定期对锦鲤进行鱼病预防是养好锦鲤的关键。

1. 充足的氧气

水质清新、氧气充足，才能使锦鲤健康地生长。而锦鲤观赏池要求水清澈见底，制造氧气的藻类都被紫外线杀菌灯、除藻灯杀灭掉了，水中的氧气只能来自循环泵和气泵。锦鲤是大型鱼，吃得多，需要的氧气也多。如果水族箱养殖，一般 15 瓦左右的气泵就够了，锦鲤池由于水较深，普通的小型气泵是不能将空气打到底部的，只能在表面增氧，但效果不好，也容易滑落到一定深度而不能充氧。应该使用大型气泵，必须能让气从底部打上来，才能保证锦鲤池的氧气供应。

2. 投饵

从春天开始，水温升到 12℃以上时，投饵由少量逐步增加，尽量多投植物性饵料；当水温升到 23℃以上时，要逐渐增加色扬饵料。秋季是锦鲤生长旺季，每天可以喂一些动物性蛋白含量高的饵料。随着温度的降低，以投喂胚芽料为主，适量搭配色扬料及青菜、麦芽等。当水温低于 10℃时应停喂，做好防备措施，确保池水水温不低于 4℃。

在投喂饵料时，应遵循“四定”投饵原则。

（1）定时：一般每天投喂 2 次，以上午 10 时、下午 3 时为宜。投喂的时间固定，这样使锦鲤养成良好的摄食习惯，减少消化道疾病的发生。另外要根据季节、温度、气候等情况相应改变，温度下降到 18℃以下时可改成每天 1 次；阴雨天容易缺氧可以少喂或不喂。

锦鲤摄食浮水饵料

（2）定点：锦鲤池很多都建有投饵台，喂鱼时在固定的地方投喂，时间一长，锦鲤会听到主人的脚步声就会集中到这个地方等您喂食。鱼儿抢食的情景让您享受乐趣，也可以让您清楚地知道爱鲤的吃食情况和健康状况。

（3）定质：要投喂锦鲤专用优质饵料，保证饵料既新鲜又有营养，坚决不能投喂变质和过期的饵料。

（4）定量：应根据锦鲤的大小、温度、摄食情况决定投喂量，温度的不同会影响到摄食量的多少，温度在 20℃以下时，投饵量占鱼体重的 1% 左右；20℃以上投饵量为 2% ~ 4%；30℃以上不要超过 2%。要灵活掌握，以 15

分钟左右吃完即可。喂量要采取逐渐增加的办法，不能突然增加量，避免因暴食引起肠炎等疾病。

在投喂过程中，可以按照慢、快、慢的步骤，也就是说刚开始时可以少撒，若鱼抢食剧烈可以加快投饵速度，最后再降低投饵速度，以鱼七八成饱即可。如果发现有剩料，要及时捞出，避免污染水质。

3. 排污换水

定期排污更换新水是保证水质良好，降低氨氮、亚硝酸盐等有毒、有害物质的最有效的方法。在水温 20℃以上时，锦鲤摄食旺盛，排泄物增加，此时应每天打开锦鲤池和过滤池的排污口排出底层水，排水量以排污口水质清洁为准，然后加入等量新水。低于 20℃时根据水质情况 3 ~ 5 天排污一次，排量同样要依排污口水质情况而定。

养殖锦鲤可用自来水、井水、山泉水、河水、水库水，要求无污染，pH 值为 6.6 ~ 8.5。在以自来水为水源养殖锦鲤时，要对自来水进行处理：一是可以晾晒；二是可在自来水中加入硫代硫酸钠（大苏打），每吨水加 2 ~ 3 克。使用井水时应注意水温差异，当水温突然变化时，锦鲤容易因自身调节问题引起鱼病，特别是高温变低温，很容易造成锦鲤感冒，水温突变超过 10℃以上，很短时间就可引起大量死亡。

4. 优质高效的过滤系统

水质好坏，很大程度上取决于过滤系统的质量和维护。锦鲤池的过滤原理就是把含鱼排出的粪便和吃剩的饵料的脏水，送进过滤槽或过滤器中，大颗粒悬浮物沉淀在过滤槽底部，定期排出池外；细微颗粒被吸附在过滤材料上，被过滤材料附着的硝化细菌等微生物分解，才能保持循环系统的正常运行。因受水温、鱼的多少、投饵量等的影响，滤材上的积累也会造成阻塞，因此定期清洗过滤材料也是很重要的；不管用什么过滤材料，在清洗过程中不能使用任何清洁剂，在清水中简单冲洗即可，并注意尽量不要洗掉滤材上的硝化细菌。

5. 疾病预防

“以防为主、防重于治”是锦鲤养殖的疾病预防原则。首先在选购锦鲤时，应选择色泽亮丽、抢食迅速、状态良好、没有外伤的锦鲤，避免购进带病的锦鲤而造成重大损失。

（1）药浴：对新进的锦鲤在入池前用 5% 的粗盐水浸泡 3 ~ 5 分钟，杀灭鱼体寄生虫和体表消毒。

（2）隔离：先放在隔离缸或隔离池中暂养观察 7 天左右，在观察期间敌百虫、硫酸铜等按正常使用量泼洒 1 ~ 2 次，再用呋喃西林或氯制剂泼洒 1 次，隔离期间严禁喂食。

（3）操作细心：在换水、捕捞、浸泡过程中，动作要轻，避免鱼体受伤。

（4）定期消毒：在养殖期间，定期用敌百虫、硫酸铜、高锰酸钾、漂白粉、生石灰、二氧化氯等鱼药，轮换使用。在夏、秋季每 10 ~ 15 天泼洒 1 次，春、冬季每 20 ~ 30 天应使用 1 次。还应注意不能连续使用同一种药物，避免产生耐药性。

（5）内服药饵：遵循“四定”投饵法，定期用磺胺嘧啶、大蒜、三黄粉等制成药饵投喂，投喂药饵前可停食一天，或减少日投喂次数，达到预防肠炎等鱼病。

（6）工具消毒：做到一池一套工具，杜绝交叉使用，特别对生病鱼池要设专一工具。工具要放在工具消毒盆中用高锰酸钾溶液浸泡。

（7）常备药物和称重工具：常备硫酸铜、敌百虫、漂白粉、生石灰、二氧化氯、高锰酸钾、磺胺嘧啶等，并妥善保存。称蚕用天平、磅秤。

十三、银龙鱼养殖与欣赏

银龙鱼，属骨舌鱼科，又名龙吐珠、银带、银船。原产于中美洲、南美洲的亚马孙河、圭亚那等地。

龙鱼为原始鱼种，有“活化石”之称，具有考古和学术的研究价值。由于龙鱼的寿命长，鳞片大，在光照下反射发光，故倍受我国人民喜爱。被视为长寿、驱邪、兴隆的象征。

（一）形态特征

银龙鱼

银龙鱼体细长，呈长宽带形，自然界中长度及米，水族箱中养殖生长速度相对较慢，体长一般为 40 ~ 60 厘米。头部长且尖，口上位，口裂大而下斜，下颚突出，并长有一对短须；眼上位并接近头顶；背鳍和臀鳍呈带状，沿背、臀部向后延长至尾柄基部，尾柄短小，尾鳍圆扇形；体两侧各有五排大而圆的鳞片，鳞片之大为热带鱼中绝无仅有，尾部的鳞片相对较小；银龙鱼全身银白色，混合着钴蓝、蓝、青色，但在光照射下能显出粉红色等其他色彩，全身闪闪发光，雍容华贵。

（二）习性

（1）银龙鱼生性凶悍，为同科鱼中最凶悍的一种，攻击性很强。常攻击体形较小的鱼类，但能与同规格的鱼和平相处。

（2）要求水质清洁，溶氧量高，适宜中性水质。

（3）生长水温要求在 22℃以上，最适水温为 24 ~ 28℃。

（4）肉食性，喜食小鱼、虾、昆虫等，摄食量大。在原产地亚马孙河自然生活的银龙鱼，当见到水面上方枝条上停息有昆虫时，会从水中如箭而出，射向目标，多数目标逃不过它的长舌。所以，当地人称其为“箭鱼”。

（5）银龙鱼常在水的上层、表层游弋，水族箱中常见到其停在水面静止不动。

（6）生长速度很快，水质、环境、饵料等条件好时，6 个月就可长成成鱼。

（7）有很强的自己择偶特性，卵胎生，卵粒大，口含卵孵化。

（三）繁殖

银龙鱼容易养殖但不易繁殖，能成功繁殖银龙鱼并掌握银龙鱼繁殖技术的很少，这里只介绍一些繁殖银龙鱼的基本知识。

（1）性成熟：雄鱼达性成熟期需 5 年以上，雌鱼达性成熟期要 6 年以上。

（2）雌雄鉴别：主要看腹鳍，雄性银龙鱼腹鳍尖长，雌鱼腹部膨大。

（3）繁殖要求：繁殖适宜水温为 27 ~ 28℃，水质要求为弱酸性软水，溶氧量要高，选择经过自己择偶的亲鱼按 1 : 1 的雌雄比进行繁殖配对容易成功。

繁殖时，亲鱼并肩游动，在游动中排卵射精。雌鱼一次产卵几十粒，多的产 200 多粒。吸水后的受精卵直径达 10 毫米。受精卵在雄鱼口中经 30 天左右才能孵出仔鱼，刚孵出的仔鱼胸腹部挂着一个卵囊，仔鱼以吸收其中的营养为生。7 ~ 10 天以后开始觅食，能摄食红虫、丝蚯蚓等鲜活饵料。

（四）日常管理

饲养银龙鱼应用 1.5 米长的大型水族箱，宽度不能小于 45 厘米，不必铺沙种草，箱体应加盖，防止银龙鱼跳出。水族箱应配备功率强大的过滤器，以及加温、充气、照明等设备。

养殖银龙鱼的水要清洁卫生，自来水必须经过晾晒处理。为保持水质清洁，应保持常开过滤器。一次换水宜少不宜多，加入新水的酸碱度和水温要适宜。

银龙鱼喜食活饵，如淡水鱼苗、小虾、蟋蟀、面包虫、大麦虫、青蛙等，也能食冷冻饵料、专用人工配合饵料。

（五）混养搭配

银龙鱼适合与鹦鹉鱼、地图鱼等大型鱼混养，最常见的组合有 3 条银龙鱼 +6 条鹦鹉鱼；2 条银龙鱼 +1 条红元宝鹦鹉鱼；5 条银龙鱼；9 条银龙鱼等。

温馨提示

（1）避免惊吓。在开门、开灯时应小心，因银龙鱼易受惊吓，受惊吓后会撞缸造成身体受伤。

（2）喂虾时，要把虾的触角、虾剑、大额等尖锐部分剪掉，以免扎伤银龙鱼的胃；喂小鱼、泥鳅等比较活泼的饵料时，要先将其弄晕或半死时再喂，否则银龙鱼在抢食过程中撞击水族箱易造成脑震荡或破坏龙须；用昆虫作为饵料时，昆虫不得是用杀虫剂捕捉到的。

（3）每次喂食以银龙鱼八成饱就够了，不能喂得过饱；特别是不能将买回的活饵料鱼一次全部放到银龙鱼水族箱内，否则银龙鱼会将其咬死却不吃，造成水质败坏。

（4）蟑螂对银龙鱼有很好的开胃作用，喂时应喂活的蟑螂。

（5）喂食时应慢慢投喂，尽量避免沉入缸底；沉入缸底的要及时捞出，不然银龙鱼在吃缸底食物时容易引起眼珠下视变成残鱼。

十四、红龙鱼、金龙鱼养殖与欣赏

红龙鱼

龙鱼，有着古老的血统，硕大的体形，身披着金光闪闪的巨大鳞片，雄浑的身姿和霸气的气势，嘴上两根特有的胡须，就像传说中的“龙”，因而得名。至今还保留着远古时代的体形特征，被视为“鱼类活化石”。自被发现以来，就深受广大养鱼爱好者的喜爱，视龙鱼为招财辟邪的风水鱼。红龙、过背金龙等高档龙鱼具有非常高的观赏价值，更是富贵、身份的象征，一尾极品龙鱼售价几万到几十万元。

（一）欣赏

1. 红龙鱼

原产印度尼西亚加里曼丹岛，体长一般为 60 ~ 80 厘米。幼鱼时期全身略带黄绿色荧光，背鳍、臀鳍、尾鳍为淡红色，胸鳍、腹鳍边缘血红色，嘴唇淡红色。随着鱼体长大，体色慢慢地从橘黄色、橘色、橘红色变为红色。红龙爱好者对红龙的迷恋缘于它硕大强健的体形、高贵霸气的泳姿、梦幻般的变色过程和代表福、喜、财吉祥寓意的红色体色。

依据红龙产地、色泽表现、体形，人们对于一些优秀的红龙冠以许多好听的名字，常见的有以下几种：

（1）龙王：在红龙中最为珍贵的是龙王。其典型的汤匙头，背部隆起，又称福龙、驼龙。龙王是一种短身龙，天生的体形，比例匀称，极为罕见，是红龙中的珍品。

（2）绿皮辣椒红龙：是除龙王之外目前价格最贵的红龙，是因为它的稀有和其特有的身披像红辣椒一样的主色；在绿底色的映衬下，红绿对比更加鲜明。其头部有明显的凹陷，具汤匙嘴形，鳃盖鲜红，鳞框部分颜色分明，鱼鳞的光泽闪闪动人。

绿皮辣椒红龙

（3）血红龙：宽厚的体格，身披金缕衣，翠绿平滑的身体发出丝缎一样的光芒。血红龙以血液般的深红色闻名，红色均匀地布满全身，给人以火一般的热情。

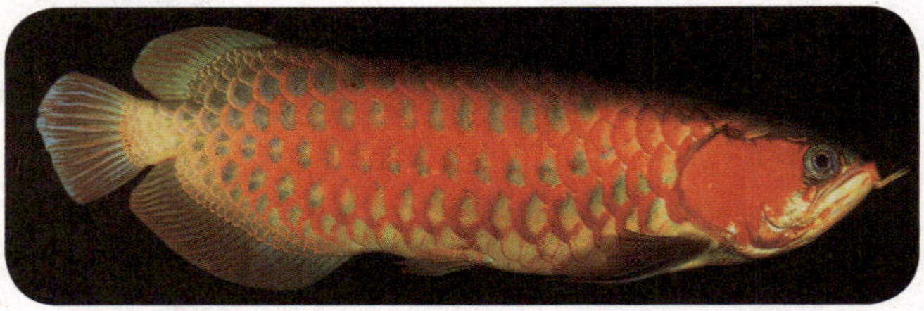
血红龙

（4）紫艳辣椒红龙：由辣椒红龙和过背金龙繁殖产生的，在鱼鳞的第四或五排开始能看到过背金龙的特征，具有明显的紫色金属光泽，鳞框和基底的颜色分明，头部和各鳍红艳继承了红龙的特点，让人感受梦幻般的神话。

紫艳辣椒红龙

（5）蓝底红龙：银蓝色的鳞片布满全身，稳重的体格、健康无瑕的体表和神采奕奕的模样，在红龙家族里独树一帜。

蓝底红龙

2. 过背金龙

过背金龙栖息于马来半岛的布奇美拉流域，属小体形龙鱼，人工饲养环境下最大个体能达到 50 厘米，极少个体能超过 60 厘米。什么是过背，主要是看过背金龙的鳞片，看亮鳞的表现。一般过背金龙的鳞框自 4 ～ 5 个月开始就会出现金属光泽，细框的看起来像是金色细线，粗的看起来像金框，这是在红龙鳞框上看不到的现象；亮鳞从第三排一直到背部的表现，称为“爬”，“过背”就是整个背部都布满亮鳞的意思。

（1）七彩过背金龙：鳞片的底色在光线的照耀下会有七彩的变幻，因此而得名。玛瑙般的眼睛，金黄色的鳃盖，均匀的金色细框，给人一种高贵、典雅的感受，特别是蓝紫色的底色看来格外神秘，令人回味无穷。

七彩过背金龙

（2）如意过背金龙：从第二排鳞片开始出现浅蓝的色泽，一直爬到背部，颜色越显沉稳，身披蓝色的玉缕衣，让人陶醉。

如意过背金龙

（3）蓝底过背金龙：全身色泽一致是过背金龙的必备条件，优质的蓝底鳞片要清晰没有渐层，金色的鳞片亮眼而不混浊，鳞片和鳞框颜色间隔分明，有清澈感。蓝色的鳞片在水中经光的照射，展现十分动人的色彩。

蓝底过背金龙

（4）黄金过背金龙：体色以金黄色没有蓝底为优质标准，如见到 24K 黄金的耀眼，您一定对这只龙鱼赞叹不已！头形宽厚，给人一种成熟的稳重感。

黄金过背金龙

（5）白金过背金龙：身上会闪耀白金一般的光泽，仔细观察白金过背的鳞片，好像镶上一层细细的白金框，在灯光

白金过背金龙

的照射下，鳞片闪闪动人如蚕丝般的光泽，加上硕大的后三鳍，真是身价非凡。

（二）极品龙鱼的标准

龙鱼所具有的阳刚之美很难用笔墨来形容，先天优良基因的遗传和后天的饲养共同打造龙鱼所独具的魅力和气势。一条完美的龙鱼，在不断的寻觅和学习中才能得到，那么什么样的龙鱼才是一件完美的作品呢？

1. 部位特征

（1）头形：龙鱼头形主要有两种，一种是钝头形，或者称炮弹头形，给人以稳重大方的感觉，主要见于血红龙、过背金龙；另一种是汤匙头形，多见于辣椒红龙。

（2）胡须：挺直的胡须是龙鱼帝王般威严尊贵的象征，好的龙鱼胡须要左右对称且挺直。在游动过程中能保持笔直的为极品。

（3）嘴形：是鉴赏龙鱼的最主要指标之一，上下嘴唇应完全密合，下嘴唇突出者成为“地包天”；若嘴形残次，其他指标再好也只能是一件次品。

（4）眼睛：大小均匀，平贴头部，明亮、有神，不能下视或突出，无白浊、斑点，眼睛和头部的比例要搭配适中。

（5）鳃：左右对称，紧贴鱼身，软鳃平顺，无外翻内合现象，无皱褶、无突起或凹陷，龙鱼的鳃要有细腻的光泽。呼吸顺畅，频率适中。

（6）鳞片：整齐宽大，不变形，鳞片的边角要完整，不能有溶鳞表现。色泽和亮度尤其重要，在灯光的照射下，要能反射出亮丽的光泽。

（7）胸鳍：必须大而长且具有美丽的弧形，左右对称，鳍棘光滑，鳍条透明、柔和，颜色自然。

（8）腹鳍和后三鳍：要完全左右对称。背鳍、臀鳍、尾鳍要大而张开，不能有弯曲和卷曲现象；尾鳍不能有波浪状，要完全舒展、颜色鲜明。红龙要越红艳越好。

（9）肛门：不突出，不红肿。

2. 整体形象

（1）体形：体形优美、色泽亮丽是好龙鱼的基本标准，各部位要比例适中。总体来说不能太胖或太瘦，以修长、强健为好。

群龙图

（2）游姿：龙鱼游动时要水平游动，各鳍舒展，转弯时弧度优美自然，无声中给人强烈的感动和震撼，高傲的姿态才能充分显示帝王般的威严。

（3）精神状态：神形兼备、气宇轩昂，霸气而不失稳重，成熟中尽显灵气。

（三）龙鱼饲养

1. 水族箱

龙鱼属大型鱼，生长速度快，一般经 3 年人工饲养能长至 50 ~ 60 厘米，想把龙鱼养好就要给龙鱼一个舒适、宽松的生活空间。水族箱要选择规格不小于 150 厘米 ×60 厘米 ×60 厘米，并配备加热棒、过滤器、照明设备等。红龙要选择红龙专用灯管，对红龙鱼的发色和观赏效果会起到辅助作用；过背金龙要用全光谱灯管，而不能用红龙专用灯管，否则会使过背金龙的体色变得非常黯淡。龙鱼水族箱背景一般采用黑色或蓝色，对于龙鱼的发色和观赏效果都有很好的促进作用。

2. 放养前的准备

“养鱼先养水”，在龙鱼养殖中同样是关键。一般对于家庭养鱼，绝大部分都是用自来水作为水源的，水族箱安装完毕后加入的自来水要过滤循环 7 天以上，同时开启加热器、增氧机、过滤器正常运行。加热器温度调至 32℃；为尽快培养适宜龙鱼生长的最佳水质，可在水族箱中加入市售成品硝化细菌、龙鱼专用黑水等，用来软化水质、提高水体的自净能力，给龙鱼一个舒适的水环境。

3. 龙鱼选购

挑选一条品质纯正的龙鱼，比什么都重要！优质的鱼种在优良水环境中精心管理才会长成完美的龙鱼。然而一条不很优秀的龙鱼，无论灯光怎么调、增艳饵料多昂贵、营养维生素怎么补充，它很可能仍无法有优异的表现。如果您真想用心养龙鱼，一定要选择品质优秀的龙鱼。

俗话说“一分价钱一分货”，现在的水族市场，正在朝越来越规范的方向发展，一般很少出现质次价高的现象，您大可放心；价高的鱼绝对是好鱼。另外，龙鱼都是从国外引进而来的，对于高档龙鱼来说，每条鱼都有自己的身份，在出场前都被人工植入了晶片，随身带有证书，在购买时应向专卖店索要。专业的水族店会用晶片识别器对准龙鱼背部，识别器上显示的数字应和证书上的号码相同。

当然，对于初学者来说，想找到一条好鱼，最好请专业人士指点。规格以 20 厘米以上的为好，过小的优秀品质还没表现，不好判断；过大的价格高昂，没有从小养大的成就感。20 ~ 25 厘米的龙鱼，优秀品质已经呈现，价格也容易接受。不过看中后也不要急于购买，要多观察几次。下面介绍一下龙鱼最基本的条件，可以帮助大家挑选一条绝妙好鱼！

（1）辣椒红龙：

1）头部：①两眼间的头顶颜色呈青绿色，不透光；②幼鱼时期，头小而尖；③头顶略为凹陷，外观就像金属汤匙；④眼睛大而红；⑤上下嘴唇密合；⑥胡须平行挺直。

2）体侧：①第一鳞框的部分粗厚；②第一阶段开始发色，先由橘红色逐渐到深红色。

3）鱼鳍：①后三鳍颜色较红，颜色分布均匀；②背鳍、臀鳍上的隐线明显且对称；③尾鳍似桃形。

（2）过背金龙：

1）头部：①两眼间的头顶颜色呈淡茶色；②头部、鳃盖呈金黄色。

2）体侧：①自第五排鳞片开始，颜色便会向背部爬升 1/3 ~ 1/2；②自第五排鳞片开始就出现亮鳞但不过背，称高背金龙；③背鳍基部的珠鳞全亮，亮鳞过背称过背金龙。

3）鱼鳍：①背鳍、臀鳍、尾鳍与身体连接处的鳞片越密集，价值越高；②背鳍处有星点，金纹分布各鳍上。

（3）血红龙：

1）头部：①外额不突出，下颚较圆，斜度较缓；②嘴部密合，下唇红色；③胡须短而直，鳃盖红色；④眼睛小且清澈明亮。

2）体侧：①第一鳞框粗厚；②第一阶段发色：一般龙鱼在 3 月龄左右开始发色，此时血红龙鳞片呈橘红色或血红色，带有明显的金属光泽，鳞片为绿色所占面积为 1/5 ~ 1/4；③第二阶段发色时，红色会由第一鳞框向第二鳞框补满。

3）鱼鳍：①背鳍、臀鳍、尾鳍颜色较红，颜色分布均匀；②尾鳍尺寸较辣椒红龙小，尾部圆扇形；③优秀的帝王血红龙，胸鳍修长，到成鱼时可达腹鳍、臀鳍位置，胸鳍张开，几乎呈一直线。

4. 龙鱼的包装

在包装龙鱼时应格外小心，避免其受惊撞缸。首先应停食 1 ~ 2 天，轻轻地将氧气袋打开口，从缸的一边放入水中，口朝水族箱的另一侧，放置一会儿等鱼稳定后慢慢赶鱼进入袋中。为防止龙鱼乱跳，可倒入适量麻醉剂。同时应套三层氧气袋严防龙鱼冲破塑料袋，再在氧气袋外罩一层黑色塑料袋避光，使龙鱼安静下来。充氧后放入泡沫箱中，一来保温，二来防止袋子破损。

5. 新鱼入缸

龙鱼的入缸和其他鱼一样，要先同氧气袋一起放入水族箱中。再次检查水温应达到 32℃左右，不能低于 30℃或超过 35℃；增氧机、过滤器是否正常运行。一般放置 15 ~ 20 分钟，待温度一样后打开氧气袋，等龙鱼自己游出袋子。1.5 米水族箱加入海盐 500 克左右，关闭照明，前 3 天不要

喂食。在龙鱼适应新环境以前，保持周围环境清净、光线柔和，避免龙鱼受到惊吓。入缸 1 周左右龙鱼已适应新的环境，鱼体健康、摄食正常，可适当降低水温，水温控制在 30 ~ 32℃。

6. 饵料喂养

一般可投喂活饵、冷冻饵和人工饵料三种。活饵有面包虫、大麦虫、蟋蟀、蟑螂、青蛙、淡水鱼、活虾等，淡水鱼应消毒后才能食用。冷冻饵主要以冻虾为主（活虾自制），在喂虾时应去头或剪掉虾刺。人工饵料要选用优质新鲜的龙鱼专用饵料，人工饵料避免了活饵带来的外源性疾病，但长期投喂人工饵料容易引起龙鱼的营养性疾病，最好能混合投喂，但需要您的耐心。

饵料的投喂一般遵循少量多次的原则，才能减少对水质的污染，或一天给一次饵，可一个一个投喂，以鱼的抢食快慢积极程度掌握，以六至八成饱为宜。在投喂时尽量事先感受龙鱼的摄食欲望再决定投喂饵料和投喂量，如没有摄食欲望要停喂并找出原因。有时龙鱼会暂时不愿吃食，可停喂一次。

龙鱼张嘴吃食

7. 及时排污

如投喂的饵料没有吃完，一定要及时捞出来，因为在龙鱼水族箱中的水温较高，饵料在 2 小时内就有可能变质，再被龙鱼吃掉会引起鱼病，或败坏水质。一般每天要用吸污管抽取一次粪便，投喂多、粪便多的情况下要多次排污，尽量保持水体清洁。排污后要及时补充经晾晒处理过的水，操作动作要轻。

8. 换水

在养龙鱼时，要定期更换新水，防止水体老化，对龙鱼的摄食、发色、生长都有积极的作用。虽然龙鱼水族箱中密度很小，排泄物等对水的影响相对低，但在实践中得知，每周更换 1 ~ 2 次新水最好。

50 瓦抽水机

小龙鱼可每周换 1 次，龙鱼成鱼要达到每周换 2 次，每次换水量控制在总水量的 1/5 左右。

新水的处理方法：配备一个容量为 50 ~ 100 千克的塑料桶，一个小型增氧机，一只 200 瓦加热器，一台 50 瓦观赏鱼用抽水机。先用水管把塑料桶加满水，把增氧机的两个气石放入水桶，开启增氧机曝气，第三天再给桶内水加热至与水族箱内水温一样。加新水前要先排出部分老水，然后用抽水机将同样多的新水抽入水族箱中即可。

9. 龙鱼的常见问题和解决方法

养龙鱼的过程是一个追求完美的过程，要求先天的优秀品质，还要加上后天的饲养。饲养是一个雕琢的过程，一件完美的龙鱼作品要从体形、颜色、嘴、须、鳍、气质等各个细节去修身塑形，掌握正确的养龙鱼方法，避免造成后天的“残缺”。

（1）拒食：龙鱼拒食会使您焦虑不安，您回到家它不再迎接，对您手中的食物无动于衷。有时一周、半个月，甚至更长时间，全家人的心都会随着龙鱼的拒食变得忧心忡忡。拒食原因及处理：

1）水质不良：因为密度小，有的人会认为没有必要经常换水，或者只每天排出一些粪便就完全可以了，这样的话长期积累，水中鱼的尿液等排泄物会引起水中有毒、有害物质增加，水体“老化”，造成鱼拒食。

处理方法：发生拒食情况后，每天换去原缸水的 1/5 左右，连换 3 ~ 5 天。新水必须经过处理。

2）消化不良：一次喂食过多，是引起消化不良的主要原因。有时投喂得过多，龙鱼会吞食嚼碎后重新吐出来，这样还会污染水质。

处理方法：在投喂饵料时应遵循“四定”原则。避免一次投喂量过多，一般以六至八成饱为宜，始终保持其旺盛的食欲。

3）水质突变：过量换水、更换过滤器材，引起硝化系统破坏，水质剧变，龙鱼由于调节机制不能在短时间内适应，致使龙鱼失去胃口。

处理方法：保持水质稳定，不要大量换水，清洗滤材时应用清水或原缸水简单冲洗；更换滤材要分批更换，避免硝化系统破坏而造成水质不稳定。

4）患病：在患寄生虫、细菌性疾病期间，多数都会引起龙鱼拒食。主要表现出烂鳍、充血，肛门红肿，焦躁不安等症状。

处理方法：冷静分析病因，对症下药。

（2）趴缸：也是龙鱼的异常表现，但多数无大碍。但看着心爱的鱼儿无精打采趴在缸底，对您肯定是一种折磨。趴缸原因及处理：

1）长期换水少和突然大量换水、大量更换滤材，都会引起趴缸现象。新鱼入缸对稍大一点儿的龙鱼来说也会出现趴缸，这都是水质不适应的表现。

处理方法：定期更换新水，保持水质清新。避免大量换水，老化的滤材要分批更换。

2）精神紧张：环境的突然变化或来自外界的惊吓，还有新鱼的增加，包括光线、水流、设备的变化，都会引起趴缸。

处理方法：保持周围环境相对安静，避免异常声音和景物突然变化；定时照明，避免灯光突然变化；增加水流，迫使龙鱼加强运动，也能使龙鱼保持优美体形。

3）疾病：疾病往往也是龙鱼趴缸的主要原因。仔细观察龙鱼的体表有无明显变化，体色变暗、体表病灶或白点等症状都是病态的表现。增加的新鱼会带有致病原，引发感染。

处理方法：对症治疗，对于外来新鱼，要用药物浸泡，杀菌消毒后才能与龙鱼混养在一起。最好不要随便增加新鱼，以减少对龙鱼的侵害。

（3）掉眼：光线是造成龙鱼单眼或双眼下视的主要原因。光线的强弱不均，强光造成龙鱼为躲避光线的刺激，产生上眼眶突出，形成下视。

掉眼

处理方法：选择合适的照明，减少强光对龙鱼眼睛的刺激。一般 1.5 米的水族箱配一根 40 瓦灯管，1.8 米的水族箱配两根 30 瓦灯管，2 米的水族箱配两根 40 瓦灯管即可。另外，喂鱼时尽量掌握龙鱼随口吃食，避免饵料落入水底。

（4）龙鱼须弯曲、长瘤或唇部长瘤：这种现象多见于水质老化的水族箱中。常因密度大、换水没有规律、长期不换水，造成氨氮、亚硝酸盐超标，长期的水质不良，激发了这种不良反应。缸中水流过大，造成龙鱼磨缸致使唇部增生。

处理方法：做好水质处理，保持水质清新；适当控制水流，避免龙鱼磨缸；控制密度，创造最佳生存空间。

（5）地包天：优秀的龙鱼上下嘴唇密合，但在红龙中会出现下嘴唇延长，形成“地包天”，一种原因是先天遗传因素；另一种原因是人为控制生长，造成营养不良，致使上下颚发育不成比例。地包天严重影响视觉美观。

地包天

处理方法：调节龙鱼食欲，增加营养。平时注重营养搭配，避免饵料单一，多喂鱼虾、青蛙、蜈蚣等活饵，活蟑螂是龙鱼最好的开胃食品。

7 鱼病防治

每种鱼病的产生都与气候、水温、水质、生长环境等致病因素和种质强弱、自身抗病力、养殖者管理水平等密切相关。病害一旦发生，往往会造成损失，有些病害不易治疗，造成的损失更大。控制病害发生的诱因可以减少其的发生。因此，做到无病先防，防重于治很重要。在养殖管理过程中，要加强病害预防和治疗，保持适宜不同鱼类生长的生活环境，加强管理。平时要认真观察鱼的吃食、活动情况，发现鱼病及早对症治疗，对传染性鱼病还应采取隔离病鱼措施，并对养殖环境、渔用工具认真消毒，控制疾病传播。

一、鱼病产生的因素

1. 水温

每种鱼都有不同的适温范围，水温不稳定或急剧变化，长期的低温或高温都易造成病害发生。特别是刚繁殖出的仔鱼和较小的幼鱼，对水温的变化特别敏感。新购买的鱼要经浸泡后与缸中水温接近才能放养，热带鱼在北方冬季养殖时要加温到最低适宜温度以上才能保障其正常生长。

2. 水质

水质条件包括水中溶解氧、水体酸碱度和水中化学成分等，要了解不同鱼类适宜的水质条件，满足其正常生长的适宜水环境。

3. 致病微生物

鱼病的发生多数由各种致病微生物侵袭、传染而致。

4. 养殖管理

放养密度不当、混养不合理、投喂不清洁饵料或水质污染等人为造成鱼病发生。

二、鱼病的类别

常见鱼病大致有以下几类。细菌性疾病，如烂鳃病、肠炎病、竖鳞病等；

真菌性疾病，如水霉病（又称白毛病）；病毒性疾病，如锦鲤易患的鲤春病毒病；寄生虫病，如小瓜虫病及金鱼易患的车轮虫病、指环虫病、三代虫病等。

鱼体患病部位有皮肤、鳃、肠道及其他器官等。

三、病鱼特征

当鱼患病时，会有各种不正常的表现，只要留心观察就不难发现。

（1）病鱼离群独游，浮于水面，游动缓慢，有时呆滞不动，容易捕捉。

（2）病鱼焦躁不安，或在缸中急游、打转，或侧卧、倒立水中，或久沉水底浮不起来。

（3）对投喂的食物视而不见，食欲减退或停止摄食。

（4）病鱼呼吸困难，上浮水面，鳃部充血、黏液增多或颜色变白，这预示鳃部病变。

（5）体表溃烂或褪色、黏液增多、长有絮状物或出现小白点，或者头部发黑、尾部苍白，说明鱼患有体表疾病。

（6）肛门红肿或肛门外拖着细长粪便，排泄物带有黏液，用手轻压腹部有黄色脓液流出，说明患有肠道疾病。

发现鱼患病，应及时诊断，及早对症治疗。

四、鱼病的预防

防重于治是预防鱼病的重要方针，预防措施得当，可有效降低鱼类发病概率，从而减少死亡。养殖管理过程当中常采用的预防措施有以下几个方面。

1. 新水处理

水族箱加入的自来水中含有氯，必须将氯除去才能放养养殖品种。一般要将加的水曝气或晾晒 3 天后使用。

2. 新购鱼的处理

市场上新购买的观赏鱼未经处理最好不要和原有的鱼直接混养。有时从市场购买的鱼本身带有病害，添加到原有的养殖品种当中易造成传染，需采取消毒或隔离观察措施。

3. 加强养殖管理

加强养殖管理包括以下内容：平时认真观察鱼的吃食、活动；注意水质变化，及时排除水中污物、定期换水；投喂优质饵料，对鲜活动物性饵料消毒；合理混养，投放密度适当；养殖用具不交叉使用并定期消毒；通过加强饲养管理为鱼类创造最适生活环境，使鱼儿强壮，增强抵抗力、免疫力等。

4. 药物防治

根据水质和鱼类活动情况及早对水体或鱼体消毒，将病害消灭在萌芽期；鱼儿发病以后应及早对症治疗，以免传播扩散。治疗鱼病的药物使用方法主要有内服和外用，有时也采用一些针剂注射。常用消毒和治疗药物有：食盐、碘制剂、高锰酸钾、土霉素、红霉素、亚甲基蓝、硝酸亚汞、硫酸铜、敌百虫等。

五、锦鲤常见病害的原因及预防

国内观赏鱼中除了锦鲤、金鱼等很少量为温水性观赏鱼类外，其他绝大部分为热带观赏鱼类。在养殖过程中，鱼病的发生和防治虽有共性，但温水性鱼类和热带鱼类发病条件有所不同，鱼病预防和治疗的方法也有差异。以下就对锦鲤、金鱼、热带观赏鱼的病害及预防给予简单介绍。

锦鲤属变温冷血动物。锦鲤一般在室外养殖池进行培育，在养殖实践中锦鲤表现病害较多，一年四季均可发病。锦鲤患病初期不易发觉，一旦发病，往往不易治疗，给养殖者带来较大损失。

1. 锦鲤常见病害

锦鲤病害较多，包括病毒性、真菌性、细菌性、寄生虫类等十几种。

（1）细菌性疾病：烂鳃病、肠炎病、赤皮病、竖鳞病、细菌性出血等。

（2）真菌性疾病：水霉病、鳃霉病。

（3）病毒性疾病：鲤春病毒病、鲤痘疮病、病毒性出血。

（4）寄生虫疾病：小瓜虫病、指环虫病、车轮虫病、三代虫病、斜管虫病、黏孢子虫病、鱼鲺病、猫头鳋病等。

2. 锦鲤患病的原因

（1）受环境因素和季节变化影响：如水温过低、水质条件变坏，一年当中随季节不同表现病害不一。

（2）自身原因：锦鲤自身易患多种疾病，且不分地域限制，如烂鳃病、肠炎病、竖鳞病、水霉病等；有些疾病为锦鲤特有且不易控制，如鲤春病毒病、鲤痘疮病、出血病等。

（3）人为和其他原因：在养殖、挑选和运输过程中影响锦鲤致病的因素很多，如操作不当、密度过大、检疫不严、隔离消毒没做好等。实践中引进的锦鲤往往易患疾病，如果治疗不当造成损失较大，应引起特别注意。

3. 锦鲤病害的预防

（1）彻底对养殖环境、渔用工具消毒：室外养殖池在放养锦鲤前要用生石灰或漂白粉彻底消毒，养殖水族箱和养殖用具要用高锰酸钾或碘制剂浸泡消毒，杀灭病菌，避免病害传播。

（2）做好引进锦鲤的检疫：从外地引进的锦鲤要进行检疫，避免带来外来病害。引进的锦鲤应隔离喂养观察2 ~ 4周，如有病害应治疗彻底方可放养。

（3）加强养殖管理：定期换水，做好水质管理，勤观察锦鲤吃食、活动情况。锦鲤一般投喂人工配合饵料，应选用营养全面的优质饵料，根据季节变化和锦鲤不同病害流行规律提前泼洒或投喂药物预防，减少发病概率。

（4）病毒病隔离治疗：鲤春病毒病传染力强、传播速度快，一旦发现要及早采取病鱼隔离和患病池塘、养殖工具消毒等措施。

六、金鱼常见病害的原因及预防

金鱼病害和锦鲤较为类似，它们同属变温冷血动物，但它们养殖方式不同，金鱼室外养殖池面积较小，养殖水位较浅，冬季需温室越冬或深水池塘越冬，喂养动物性饵料或人工配合饵料均可。因此，发病原因和病害种类虽基本相同，但养殖管理和病害预防有所不同。

1. 金鱼常见病害

金鱼病害较多，但病毒性疾病少见，主要病害有物理性、真菌性、细菌性、寄生虫类等十几种。但不论哪种病害，只要早发现、早治疗，就可保证金鱼健康成长。

（1）细菌性疾病：烂鳃病、肠炎病、赤皮病、竖鳞病、烫尾病等。

（2）真菌性疾病：水霉病、鳃霉病。

（3）寄生虫疾病：小瓜虫病、指环虫病、车轮虫病、三代虫病、口丝虫病、鱼鲺病、猫头鳋病等。

（4）物理性疾病：感冒、中暑。

2. 金鱼患病的原因

（1）自然因素：包括水温急剧变化或水温长期过低、水环境变化，或因年龄、营养、健康状况使金鱼免疫力降低等，一年当中以春季为病害高发季节，春季病害易集中暴发。

（2）自身因素：金鱼自身易患多种疾病，且无地域限制。

（3）人为因素：影响金鱼致病的因素很多，如喂养未消毒的鲜活饵料、挑选时操作不当、养殖密度过大、隔离观察没做好等。

3. 金鱼病害的预防

（1）彻底对养殖环境、渔用工具消毒：养殖水族箱和养殖用具要用高锰酸钾或碘制剂浸泡消毒，杀灭病菌，避免病害传播。

（2）做好新购金鱼的隔离观察：新购买的金鱼应隔离喂养观察 3 ~ 5 天，

如有病害应治疗彻底方可放养，避免带来外来病害。

（3）加强养殖管理：勤观察金鱼吃食、活动情况，投喂鲜活动物性饵料应先消毒处理，定期换水，做好水质管理。室外养殖应根据季节变化和金鱼不同病害流行规律提前泼洒或投喂药物预防，减少发病概率。

（4）保持水温稳定：避免水温急剧变化引起感冒，在高温季节室外养殖池应遮阴降温，冬季室外养殖的金鱼需转入温室或深水池塘越冬。

七、热带观赏鱼常见病害的原因及预防

热带观赏鱼虽品种繁多，各有特定的生长需求，但不像锦鲤和金鱼那样娇嫩，其本身流行疾病很少，因此不易患病。只要按照不同品种的生活习性加强养殖管理，就能保证它们健康生长。

1. 热带观赏鱼常见鱼病

热带观赏鱼养殖得当不易发生鱼病，病害虽然也有真菌性、细菌性、寄生虫性、物理性等几种，但病害总量不多，常见的病害有低水温引起的小瓜虫病、水霉病，饵料不适或投喂不当引起的肠炎病，以及水质不洁引起的细菌性疾病。

2. 热带观赏鱼患病原因

大多是人为因素造成的。主要表现在养殖管理环节上，有些管理不当可能只会影响鱼的观赏性，但如果养殖环境不符合所养品种生长特性或管理不到位就会引起鱼病发生。

（1）水温：热带观赏鱼对水温要求较高，有生长温度下限，水温低于下限时首先影响生长，其次引起鱼病发生，水温过低还会引起直接死亡。

（2）养殖环境：包括养殖用水的含氧量、酸碱度、咸度和水体洁净度，以及光照、水族箱配景等。如果养殖环境达不到所养殖品种正常生长需求，就会影响其正常新陈代谢，出现身体不适，降低对病害抵抗力而发生鱼病。

（3）养殖管理：包括放养密度、加水、换水、喂养、操作等。热带观赏

鱼一般喜食鲜活动物性饵料，野外捕捞的鲜活饵料未经消毒易引起鱼病发生；密度过大、饵料不适或投喂不足，可使鱼食欲减退引起体质衰弱发生鱼病；水质污染，易使病菌繁殖，侵害鱼儿发生鱼病；操作不当，碰伤鱼体易使病菌侵入引起鱼病。

将患病水族箱的用具不经消毒或将患病鱼直接混入健康鱼混养，均会引起交叉感染鱼病。

3. 热带观赏鱼病害预防

（1）合理喂养，使鱼身体强壮，增强抵抗疾病的能力。投喂定时、定量，鱼饵宜少不宜过多。投喂的鲜活饵料一定要先过滤、消毒，禁止投喂腐败变质饵料。

（2）对水体环境要不断观察与检测，随时调节水的酸碱度，保持水温稳定、合理光照等，使之符合具体品种健康生长要求。

（3）发现病鱼及时捞出治疗、单养，同时对未患病鱼消毒或换掉原有养殖用水。对患病鱼的养殖缸体、缸内设备、捞鱼工具等彻底消毒后，才能换上新水饲养。

八、常见病害防治方法

发现鱼病后要及时诊断，找准病因，对症治疗，将患病损失降到最低。鱼病防治原则是“无病先防，有病早治，防重于治”。鱼病治疗原则是“先外后内，先水后鱼，先治寄生虫后杀菌”。

1. 常用防治鱼病方法

（1）内服药饵：将药物掺拌在人工配合饵料内，鱼通过摄食药饵治疗鱼病。药饵应随配随用，不可久放。药饵多用于病较轻、还能进食的病鱼。一般治疗细菌性疾病，如肠炎病等。常用内服药物有：土霉素、呋喃唑酮、氟哌酸、磺胺类药等。

（2）药液浸泡：药物按较高浓度与水混配后，将病鱼浸泡在药液中治疗。

适合少数鱼发病时使用，也常用于渔具、器材、鲜活饵料的消毒，以及新购鱼投放前、操作后消毒预防。浸泡的时间视不同情况从几分钟到几十分钟不等。可用于浸泡的常用药物及常规用量见表 7.1。

表 7.1　用于浸泡的常用药物及用量

常用药物	常规用量（毫克/升）	浸泡时间（分钟）
食盐	1% ~ 4%（水体重量）	5 ~ 10
高锰酸钾	10 ~ 20	10 ~ 20
5% 碘液（以有效碘计）	0.1 ~ 0.2	5 ~ 10
甲醛	100	30 ~ 60
呋喃唑酮	0.5 ~ 1	10 ~ 20

病鱼浸泡治疗时间的长短，要根据药液浓度、水温、鱼的体质情况和耐受程度而定。既要达到治疗目的，又不能使病鱼出现危险。病鱼浸泡治疗期间人不得离开，需仔细观察病鱼的反应，若病鱼出现不良反应，需立即捞入等温清水中漂洗。

（3）全缸用药（或全池泼洒）：就是在发病缸（池塘）水体中直接用药。药的浓度较低，通过长时间用药治疗鱼病。较常用且适用范围广泛，治疗寄生虫类、细菌性、真菌性、病毒性疾病均采用此种方法。适合有多数鱼发病时采用。

（4）注射治疗：用针剂对鱼体行肌内或腹腔注射。一般用于较复杂病症和名贵观赏鱼。

（5）改善水体环境：用生物制剂、水质调节剂通过调节水体环境减少病害发生。

2. 常用药物

治疗鱼病药物很多，可根据不同药物的作用有针对性选择。

（1）细菌性疾病常用药物：土霉素、呋喃唑酮、氟哌酸、磺胺类药、红霉素软膏（外用、

微生物制剂

涂抹伤口)、青霉素、高锰酸钾、碘液、漂白粉(外用、室外养殖全池泼洒)等。

鱼药

(2)真菌性疾病常用药物:硫咪杀星、孔雀石绿。均为外用,全缸用药(或全池泼洒)。

(3)寄生虫类疾病常用药物:硫酸铜、硫酸亚铁、敌百虫、亚甲基蓝、硝酸亚汞等。均为外用药,全缸用药(或全池泼洒)。

3. 用药注意事项

一般情况下,治疗鱼病多是直接在养殖缸中进行,水族箱用药时应注意当时的水质条件,同时准确计算用药量,尽量避免多种药混用等。除此以外,还有一些应该特别注意的事项:

(1)不在有水草的水族箱中用药。水草对药物非常敏感,大多药物都会引起水草烂根和死亡,特别是呋喃类药物。

(2)注意各种鱼类的敏感药物并禁止使用。如清道夫对食盐敏感;敏感药物会很快造成鱼的死亡,必须特别注意。

(3)药效与水温的关系:药效和水温变化呈正相关,随水温升高而升高,因此,水温低时可适当提高药物用量,水温高时药量宜适当减小(室外池亦有此情况)。如硫酸铜治疗口丝虫病,夏季只需 0.5 毫克/升,冬季则需 1.4 毫克/升,否则影响疗效。又如对鱼消毒,冬季漂白粉用量为 10 毫克/升,如果在夏季此用量会造成鱼的死亡。